中央大街
百年建筑芳华
Centry-old Architecture
Splendor on Zhongyang Street

唐家骏　著

中国林业出版社
China Forestry Publishing House

图书在版编目（ＣＩＰ）数据

中央大街百年建筑芳华 / 唐家骏著. -- 北京 : 中

国林业出版社, 2025. 6. -- ISBN 978-7-5219-3303-1

Ⅰ. TU-862

中国国家版本馆CIP数据核字第2025D83J22号

责任编辑：王全
装帧设计：A05工作室，刘临川

出版发行：中国林业出版社
　　　　　（100009，北京市西城区刘海胡同7号，电话010-83143632）
电子邮箱：jz_view@163.com
网址：https://www.cfph.net
印刷：河北京平城乾印刷有限公司
版次：2025年6月第1版
印次：2025年6月第1次印刷
开本：710mm×1000mm　1/16
印张：11
字数：270千字
定价：78.00元

序——神游哈尔滨的百年建筑

《中央大街百年建筑芳华》，是哈尔滨工业大学青年学者唐家骏老师关于哈尔滨老建筑方面的又一部新著。在此之前，家骏老师的相关书籍《哈尔滨老教堂建筑艺术纵览》已经出版。大约是出于个人的偏好，我很愿意为家骏老师的新书说上几句话。

一是，我非常欣赏有才华、有自己独特的见地且功底扎实的学者型作家。二是，我的确对建筑有一种多年挥舍不去的情结。我父亲就是一名建筑师，曾经是东北建筑业协会的理事，还参加过哈尔滨早期"十大建筑"（工人文化宫、北方大厦、少年宫等）的相关工作。在我的记忆里，父亲的书架上几乎都是建筑方面的书，仅有一套吴晗先生主编的"文化丛书"。

后来，我又在哈尔滨城市建设管理局（现哈尔滨市住房和城乡建设局）工作过几年，天天开车在城市里转，和哈尔滨的老建筑零距离接触。这样的经历，让我想不喜欢建筑都难。不仅如此，我还写过两本关于建筑方面的文化随笔，《殿堂仰望》和《远东背影》。我不知道家骏老师是不是因为我曾经写过这方面的书，才请我为他即将出版的建筑新著作序。

人们常说老建筑、老建筑。哈尔滨的老建筑，老乎哉？不老也。比起世界上其他国家那些几百年、上千年的老建筑，乃至国内一些城市的老建筑来说，哈尔滨的老建筑才不过百余年，终究还是年轻的。正如家骏老师说的那样，"哈尔滨是一座'履历'颇为年轻的城市，但其风貌却保留着古老。论其年轻，建城至今不过一百多年的光景；言其古老，则因满城的欧式老建筑巍然矗立于街旁，仿佛将欧洲某座古城搬了过来。早年，这里曾是远东地区的中心城市，中国人与外国人共同在此生活。年轻与古老、东方与西方，在此交融并存，铸就了哈尔滨建城之初的独特灵魂。"换句话说，这座城市虽然年轻，但是，误将"他乡当故乡"的洋建筑师们在哈尔滨所秉承的建筑艺术，却源远流长。的确，我们生活在一个全新的、充满着现代气息、又无处不洋溢着时尚之风的大都市。今天的哈尔滨人、今天的中外读者和游人们无不对新事物充满着憧憬和向往。但是历史，终究是这座城市的起点，新和旧，老和少，总是在相互作用、相互碰撞、相互矛盾又相互融合当中如影相随，在岁月的流转中结伴同行，不离不弃，难以分割。从这个意义上就可以判断出这本书的价值。

家骏老师跟我惜怀道："现如今，中央大街最重要的文化遗产，是保留下来的百余栋欧式老建筑。拜占庭、巴洛克、新艺术……这些词常在导游嘴里念叨。曾儿时，这一带满街欧式小楼，与俄罗斯古老的城市没什么两样。可惜这些年拆建反复，没有把这些建筑瑰宝完整地保留下来。城市建设史发展的遗憾，就像人生逝去的青春，徒留追忆，更教人珍惜当下。"不过，"近些年，我们总算转过弯来，知道了历史建筑保护之重，懂得了文化遗产不能用经济发展来牺牲，中央大街的老建筑保护逐步走向了科学和正轨。我们能看到一条条老街被积极修复，老建筑得到活化利用。更可喜的是，老建筑不只是修缮，也不做'老古董'，许多在保留原貌下焕发新生——它们被变成文化博物馆、网红咖啡厅，还有文艺青年扎堆的书店，中央大街也随着时代发展在自我完善和更新。"我想，这才是家骏老师撰写本书的初衷吧。

今日之哈尔滨，正在发生翻天覆地的变化，如同被施了某种魔法一样，盛装亮相的哈尔滨已然吸引了世界的目光在此停驻。五湖四海的人们通过飞机、高铁，甚至自驾，纷纷来到哈尔滨。他们完全不畏寒冷，不但喜欢哈尔滨漫天飞舞的大雪和神奇的冰雪艺术，也喜欢哈尔滨怡人、凉爽、时尚的夏天。不仅如此，美食家和美食达人们，尤其钟情于哈尔滨独特的、具有东欧老味道的西餐和俨然乡村音乐一样迷人的家常菜。在享用这一切之美的时候，不可避免的，他们更想知道哈尔滨的过往、哈尔滨的故事，想着能够重履一次哈尔滨的历史之路。这样看，家骏老师的这本新著作仿佛是一列舒适的东方快车、"爱达·魔都号"豪华游轮，带领着我们去探寻、去欣赏这座美丽的东方之城。圣索菲亚教堂、圣伊维尔教堂、阿列克谢耶夫教堂，特别是那条像一部部古朴的、厚重的大书一样铺就的方石路——中央大街，连同街路两旁鳞次栉比的老派欧式建筑，让他们目不暇接，惊叹不已。甚至在倏忽之中，法国的巴黎、英国的伦敦、俄罗斯的圣彼得堡的样貌，居然像海市蜃楼一样跟随他们的脚步，纷至沓来，伴随始终。这当是家骏老师这本新著的魅力之所在。也正是书中跳动的字节，像一个个优美的音符，拨动着每一个读者的心弦。

家骏老师表示："多年来，哈尔滨的学者、作家、摄影师，用他们各自的方式为中央大街写'日记'，来回顾老街的那些历史掌故和风土人情；相关的书籍也不断问世。但从建筑艺术角度细说的，终究是有一点差强人意。"这倒是实话。家骏老师是研究哈埠老建筑的学者，对哈尔滨有着深深的情怀。他以建筑人的专业视角，兼顾大众普及，全方位记录展现当下的中央大街和圣索菲亚教堂等的建筑艺术。在撰写的过程中，他提炼出中央大街重点街区和建筑来介绍，追求文字简练精准，不堆砌术语，普通百姓都能看得懂、喜欢看；照片精美大气，定位当下，准确地捕捉历史建筑那一最优美的瞬间，用新老图片对比的方式，让读者们能够洞见老建筑的前世今生。这就是家骏老师的情怀——不仅充满热情，也充满了自信。这本书的问世，对哈尔滨的建筑保护、文旅发展，会起到实实在在的推动作用。是啊，家骏老师把哈尔滨的一街一巷，化作了一本又一本能揣进口袋的书。尤其让我欣赏的是，他已经成功地让经典的街道、让老建筑，走进了广大读者和众多游客的内心。

精美的样书就放在我的案头。我一页一页地翻开去，看到书中一帧帧焕发着青春活力的老照片，一行行平易且优美的文字。我甚至能感觉到，作者热望着翻开这本书的每一个人、每一个读者、每一个朋友，能够热爱和了解哈尔滨这座被几代人称之为"东方的巴黎，远东的彼得堡"的年轻城市，并从这本书开始和哈尔滨结缘，彼此成为永远的朋友。

是为序。

阿成

著名作家、鲁迅文学奖得主

2025 年 5 月 21 日

百年前的中央大街（历史老照片）

目 录

中央大街的入口（摄影 韦树祥）

一 中央大街的前世今生

The Historical and Contemporary Evolution of Zhongyang Street

　　在哈尔滨这座国家历史文化名城，有一条与城市发展息息相关的商业街道，这条街道现在已成为哈尔滨城市建设的象征，也是哈尔滨文化旅游的窗口，这就是闻名全国的"中央大街"。拥有100多年历史的中央大街，见证了国家的沧桑巨变，也见证了名流的俊采星驰，具有非常厚重的历史文化背景。同时，中央大街的名望还要得益于优美的城市建筑艺术，在这里遗存了百余栋文物建筑和历史建筑。这些建筑遗产闪耀在中国近现代建筑史中，也融汇了哈尔滨人心中的浪漫与骄傲，最终呈现了中央大街的百年建筑芳华。

中央大街中轴线（摄影 唐家骏）

1 历史沿革

哈尔滨经常被称为"火车拉来的城市"，因为它是因修建中东铁路①而形成的近现代城市。1896 年，晚清政府为了走出甲午海战失败的阴影，被迫与当时的沙皇俄国签订了《中俄密约》。中东铁路就是在这个背景下由俄国主导建设的，而哈尔滨正处于中东铁路线路的核心枢纽位置。从 1898 年开始，哈尔滨铁路工程如火如荼地兴建。一方面，俄国的军队和铁路人员陆续在这里扎根；另一方面，很多国内劳工也来这里寻找生机。大量人口的到达，使得这里原本的村落格局开始快速往城市转型。

在 1900 年前后，哈尔滨的主要城市建设位于秦家岗中心区域（现在南岗区省博物馆片区），而中央大街区域当时被称为埠头区（现在道里区的主要发源地）。1900 年的秦家岗，著名的圣尼古拉大教堂已经建成，包括哈尔滨火车站在内的大中型公共建筑持续建设。由于当时城镇间陆路交通并不便利，大量建筑材料需要从松花江用船运到埠头区上岸，而这时毗邻江畔的埠头区仍是低洼沼泽之地。随着码头工人不断入驻埠头区，同时在这里进行运输作业，使得这里在短短几年内就形成了垂直于江畔的多条街道。由于当时这里中国人居住较多，因此最核心的街道被称为"中国大街"，这也正是中央大街的前身。1900 年左右的"中国大街"区域还是以低矮的中国民房为主，街道也是泥泞的土路，商业氛围还没有开始形成，这个时期是中央大街建设的萌芽期。

在 20 世纪初（1902—1911 年），当时的"中国大街"开启了具有一定规模的商业建设，逐步形成了现有主街和周边辅街的格局。这一阶段中国还处于晚清政府时期，中东铁路在名义上是由清政府和沙俄政府共同开发建设的。但实际上，这阶段的哈尔滨城市发展是在沙俄主导下完成的，因此浓厚的东欧建筑风貌开始在城市涌现。"中国大街"区域在 1902 年开始分段招商和租卖地号，紧接着哈尔滨在 1905 年宣布开埠通商，众多的国外商人发现了"中国大街"的商机，开启了对沿街商业建筑的建设投入。这一时期建成了节克坦斯电影院（1906 年建成，后拆除）、萨姆索诺维奇兄弟商会建筑（建于 1900 年代，后为第二处秋林洋行道里分行）和道里秋林公司建筑（建于 1910 年，第一处秋林洋行道里分行）等知名建筑。虽然一些二三层的多层商业建筑陆续建设，但

20 世纪初的中央大街北部区域（从南往北拍摄）

1910 年前后的中央大街（从北往南拍摄）
左侧为萨姆索诺维奇兄弟商会建筑（现存）

---

① 中东铁路即"大清东省铁路"的简称，亦作"东清铁路"或"东省铁路"，1897 年 8 月开始施工，1903 年 7 月正式通车运营。

1910 年代的中央大街南部区域（从南往北拍摄）
左侧为最南端的哈尔滨一等邮局旧址（现存）

1920 年代的中央大街（从南往北拍摄）
中部为联谊饭店旧址（现存）

这时的大街还是以低矮的小店面居多，这一时期可以说是中央大街建设的开展期。

在随后发展的 20 年里（1912—1931 年），大规模的建设在中央大街主街和辅街陆续开展起来，基本形成了现存老建筑的空间格局。这一时期经历了复杂的历史变革，首先是 1911 年辛亥革命的成功，之后是 1917 年俄国十月革命的爆发，各方势力都在不断争夺中东铁路和哈尔滨的管理权。俄国十月革命之后，虽然中国政府开始逐步收复中东铁路沿线城市的管辖权，但是受时局影响迁徙的沙俄贵族和平民却大量涌入了哈尔滨。聚集在中央大街附近的外国侨民进一步带动了这里的建设，例如仅在 1921 年一年间，埠头区就建成了 100 多座新建筑。这一时期，发生了几件比较重要的建设事件。1913 年马迭尔宾馆建成，成为中央大街的核心地标；1924 年开启了整个街道著名的"面包石"铺设；1928 年"中国大街"正式改名为"中央大街"。在这 20 年间，大量老建筑和方石路面被建成，这一时期可以说是中央大街建设的高潮期。

在接下来的十几年内（1932—1945 年），中央大街的建设规模逐步缩小，只有少数建筑在已经成型的街区中穿插建设。从 1932 年开始，"伪满洲国"逐步对哈尔滨进行掌控，也开始不断打压外国企业和中国民族工商业，这大大影响了中央大街的商业发展。同时，在 1932 年的哈尔滨发生了重大的洪水灾害，这使得 8 月的中央大街成为一片汪洋，这一事件也对中央大街随后的建设发展造成了冲击。虽然中央大街的建设在"伪满洲国"时期发展缓慢，但是全新的圣母报喜教堂（1970 年拆毁）在 1941 落成。这座拜占庭风格的教堂建筑位于中央大街北部的江畔附近，与埠头区的圣索菲亚教堂南北呼应，成为当时远东地区最宏伟的教堂建筑。总体来说，这一时期遗存下来的知名建筑不多，可以说是中央大街建设的衰退期。

随着 1946 年哈尔滨的解放，中央大街真正回归中国人民的怀抱。新中国成立后，中央大街也一度变换街名，而最终又改回"中央大街"这一最具历史意义的名称，并在 1997 年被改造成现如今的商业步行街。随着时代的变迁，中央大街欧洲风貌老建筑已经不再进行建设。20 世纪中后期，一些老建筑没有摆脱被拆除和改造的命运，这使得现存老建筑更加弥足珍贵。中央大街在新中国成立后建成的保护建筑不多，其中最具代表性的就是建成于 1960 年的人民防洪胜利纪念塔，这组构筑物已经成了哈尔滨另一处著名城市地标。现如今，中央大街历史文化街区得以全面保护，这里商铺林立、楼宇争辉，这里用厚重的历史和精美的建筑来迎接全世界游客的到来。

1932 年 8 月洪水中的中央大街（从北往南拍摄），最左侧为马迭尔宾馆（现存）

1940 年前后的中央大街（从南往北拍摄）
中部最高楼为松浦洋行旧址（现存）

1940 年代的第三座圣母报喜教堂（1970 年拆毁）

1. Historical Evolution of Zhongyang Street

Harbin emerged as a modern city in the wake of the construction of the Chinese Eastern Railway. In 1896, the late Qing government, under coercive circumstances, entered into the *Sino-Russian Secret Treaty* with Tsarist Russia, which led to the construction of the railway, spearheaded by Tsarist Russia. Harbin was strategically positioned at the core junction of the Chinese Eastern Railway line. The construction of Harbin's railway infrastructure commenced in 1898, teeming with vigorous activity. Owing to the impracticality of land transportation among towns during that era, a substantial volume of construction materials was transported via the Songhua River to the wharf areas, culminating in the rapid emergence of several streets aligning perpendicularly with the riverbank within a brief span. Given the preponderance of Chinese inhabitants in this area, the most central of these streets was designated as "Chinese Street", which is the precursor to today's Pedestrian Zhongyang Street (also known as the "Central Street", hereinafter referred to as Zhongyang Street).

During the initial decade of the 20th century (1902−1911), "Chinese Street" began to see substantial commercial construction. This phase of urban development in Harbin was orchestrated under Russian dominance, giving rise to a pronounced Eastern European architectural style within the city. With the area of "Chinese Street" starting to be sectioned off for commercial leasing and land sales in 1902, an array of foreign merchants capitalized on the opportunities, initiating the construction of commercial buildings along the street. This period marks the inception of Zhongyang Street's architectural journey. Over the subsequent two decades (1912−1931), extensive construction activities on Zhongyang Street and its adjacent streets essentially established the spatial layout of the existing historical buildings. In the wake of the Russian October Revolution, a deluge of Russian nobility and civilians fled to Harbin, congregating near Zhongyang Street and further propelling its development. In 1925, "Chinese Street" was officially renamed "Zhongyang Street." These two decades witnessed the construction of numerous historical buildings and bread-shaped stone pavements, signifying the zenith of Zhongyang Street's development. However, in the ensuing years (1932−1945), the scale of construction on Zhongyang Street waned, with only a handful of buildings being interspersed within the already established blocks. Overall, this period witnessed a paucity of notable buildings, signaling a downtown in the construction of Zhongyang Street.

Following the establishment of the People's Republic of China (P.R.C.), Zhongyang Street underwent several name changes, eventually reverting to the historically significant name "Zhongyang Street". In 1997, it was transformed into the commercial pedestrian street known today. In the mid to late 20th century, certain old buildings succumbed to the fate of demolition and renovation, thereby elevating the rarity and value of the surviving architectural structures. Presently, Zhongyang Street boasts a vibrant array of shops and resplendent buildings, enchanting global visitors with its rich tapestry of history and exquisite architecture.

2 当代传承

在当前，中央大街主街南起经纬街，北至江畔的防洪纪念塔，长度达到了 1450 米，是亚洲最长的商业步行街之一。中央大街历史文化街区是指由主街和辅街组成的完整区域。历史文化街区保护范围南起经纬街与西一六道街，北至防洪纪念塔与斯大林公园，东起尚志大街与尚志胡同，西至通江街，总占地面积 89.84 公顷，其中中央大街主街两侧的核心保护范围 19.60 公顷。历史文化街区内包含了百余栋老建筑，保护范围的划定体现了对文物建筑和历史建筑的保护力度，也进一步提升了市民与游客对中央大街建筑遗产的认知。

截至 2024 年，中央大街历史文化街区形成了多层级的保护建筑①分类，保护建筑总体以新中国成立前的代表性老建筑为三，同时补充少量具有较高社会和文化价值的、新中国成立后的新建筑。现阶段，街区范围内主要包含 4 类保护建筑，由高到低分别为：全国重点文物保护单位（国家级，8 栋，包括马迭尔宾馆和犹太人活动旧址群的 7 栋建筑），哈尔滨市文物保护单位（市级，2 栋，分别是松浦洋行和人民防洪胜利纪念塔），哈尔滨市不可移动文物（未定级，43 栋，代表建筑有道里秋林公司旧址、万国洋行旧址和哈尔滨一等邮局旧址等）和哈尔滨历史建筑（已挂牌的Ⅰ、Ⅱ、Ⅲ级共 40 栋，代表建筑有华梅西餐厅、欧罗巴旅馆旧址和金安国际老建筑群等）。另有十余栋老建筑尚未由地方定级挂牌。这些保护建筑主要位于主街，同时一些建筑穿插在辅街和周边街道之中，形成了整个区域丰富多元的参观旅游路线。

除了整体历史文化街区范围内，在中央大街周边也保留了大量具有文化和旅游价值的文物建筑和历史建筑。在历史文化街区以东，从南至北包含了举世闻名的圣索菲亚教堂（国家级文物建筑）、哈尔滨市博物馆老建筑样（文物建筑）、兆麟公园（省级文物建筑李兆麟将军墓）以及老滨

老照片中的道里秋林公司旧址（现存）

老照片中的哈尔滨一等邮局旧址（现存）

---

① 保护建筑包含文物建筑和历史建筑，它们是共同构成城乡历史文化保护体系的重要载体。在行政管理主体、法律根据、认定标准与保护级别以及保护措施上有所差异。
其中，文物建筑由国家文物局及地方各级文物（文旅）行政部门管理，属于不可移动文物的范畴。根据《中华人民共和国文物保护法》，不可移动文物分为文物保护单位（核定公布、定级）和未核定公布为文物保护单位的不可移动文物（登记公布、未定级）。文物保护单位根据历史、艺术、科学、社会价值，分别由国务院和省、设区的市、县级人民政府核定公布全国重点文物保护单位、省级文物保护单位、设区的市级文物保护单位和县级文物保护单位。
而历史建筑由自然资源部及地方各级自然资源（规划）部门管理，属于城乡规划体系的保护对象，体现地方历史风貌、建筑特色或技术特征，是既未被核定公布为文物保护单位、也未被认定为不可移动文物的建（构）筑物，保护要求与地方城乡规划相衔接，保护级别由地方自主划定。

1935 年前后的中央大街区域全貌（从南往北航拍）

州铁路桥（国家级文物建筑）等。在历史文化街区以西，从南至北包含了犹太新会堂旧址和犹太总会堂旧址（国家级文物建筑），以及著名的伊斯兰教建筑鞑靼清真寺（省级文物建筑）等。这些历史遗迹与中央大街街区是百年前老埠头区最重要的建筑遗存，它们共同构成道里区旅游的核心内容。现在游走在中央大街和周边片区，依然仿佛时钟倒转，回到了百年前老照片中的峥嵘岁月。

光阴荏苒，日月如梭。在新中国成立后的一段时间内，中央大街的老建筑被进行了功能转换，一些建筑也被不断地改造，这为历史遗产的保护带来了一定的困难。更加遗憾的是，在 20 世纪末和 21 世纪初的一段时期内，大开发大建设也造成了一些老建筑的消失，以及对历史文化街区城市肌理和天际线的破坏。从整个历史文化街区现状来看，如果以马迭尔宾馆和松浦洋行旧址作为主街的中心区，那么南部区域的老建筑遗存要远多于北部区域。南部区域甚至保留下来一些沿街老建筑众多的辅街，而北部区域的历史保护相对堪忧，还有一些未被认定的历史建筑仍隐藏在当代居住小区之内。总体来讲，老建筑的保护和发掘仍需要一个漫长和有序的过程。

近些年，历史文化街区的建筑保护和再利用得到了充分重视。一方面，有关部门先后完成了多栋建筑遗迹的维修复原，例如近几年完成的西十二道街南侧老建筑修复，让这条历史街道展现了曾经的风采；另一方面，一些有识之士也在逐步挖掘和利用建筑遗产，例如 2025 年新开放的东和昶 1917 宽街文化复合体，就是在追溯历史的同时打造了新的文化名片。现如今，中央大街在不断地挖掘历史、修复遗产、传承经典和展望未来。

2. Contemporary Inheritance of Zhongyang Street

Zhongyang Street, in its present form, extends from Jingwei Street in the south to the Harbin Flood Control Memorial Tower on the riverbank in the north, spanning 1450 meters and ranking among Asia's longest commercial pedestrian streets. The Zhongyang Street Historic and Cultural District refers to a complete area that integrates both the main and side streets. The total designated area for preservation within this historical district spans 89.84 hectares (898400m^2), with the core area for protection, located on both sides of Zhongyang Street's main street, covering 19.60 hectares (196000m^2). This cultural district houses over a hundred historical buildings.

The conserved buildings on Zhongyang Street predominantly consist of emblematic old buildings before the establishment of the P.R.C., supplemented by a select few historical buildings of significant social and cultural value after the establishment of the P.R.C. These conserved structures are primarily situated along the main street, with others interspersed among the side streets and adjacent roads, offering a rich and varied tourist route. After the establishment of the P.R.C., the old buildings on Zhongyang Street underwent functional transformations, and some were continuously renovated, posing certain difficulties for the preservation of historical heritage. Regrettably, extensive development and construction in the late 20th and early 21st centuries resulted in the demolition of some historical buildings and inflicted damage on the urban fabric and skyline of the historical and cultural district. From the current state of the entire historical and cultural district, it is evident that the southern section retains a considerably higher number of old buildings compared with the northern area.

In recent times, the conservation and reuse of architectural assets within the historical and cultural district have received considerable attention. Relevant authorities have successively carried out restoration and rehabilitation of numerous architectural relics, and progressively explored innovative utilizations for these heritage buildings. Today, Zhongyang Street is actively engaged in uncovering its historical depths, restoring its legacy, inheriting its classics, and envisioning its future.

3 街区特色

　　中央大街历史文化街区保护范围内有多条横纵街道。这些街道构成了历史文化街区的骨骼，既是这里的交通通道，也是这里重要的城市建筑界面。中央大街区域是由俄国建筑师进行的早期规划与建设，是国内最具欧洲古典街区特征的商业街区。中央大街特殊的产生背景，使得这里在20世纪上半叶存在外国侨民和中国居民共同生活的状况。东西方文化的碰撞，让这片历史文化街区形成了西式建筑为主、东西方生活相融的特殊城市肌理。例如，在中央大街的西南部各条横向辅街内，建设了与道外区"中华巴洛克"①相似的中西结合建筑模式，至今仍保留下来一些具有鲜明中式装修语言的居住庭院。同时多国侨民在中央大街区域经商居住，多种建筑风格的街区共存，也造就了这里的八街九陌、开放包容。

　　现阶段，历史文化街区用地范围呈现了南北长东西短的特征，最中心的中央大街主街基本是南北向布局。历史文化街区内的道路形成了"三纵六横"的主体框架，"三纵"就是南北向的中央大街主街、东侧的尚志大街和西侧的通江街，而"六横"是指东西向可以通行机动车的六条城市主次干道，从南往北依次是经纬街、霞曼街与西十二道街、红霞街与西五道街、上游街与西二道街、友谊路以及防汛路。"三纵六横"中除了中央大街主街外，其他道路是历史文化街区内的主要机动车路线，也是驾车到达中央大街的必经通道。

　　在中央大街地图中我们能看到一个有趣的现象，就是主街两侧的辅街呈现了不对称的格局，也造成各街区地块的尺度差异较大，这有着特殊的历史生成背景。在1900年前后，来到码头附近

中央大街区域的早期街区规划图

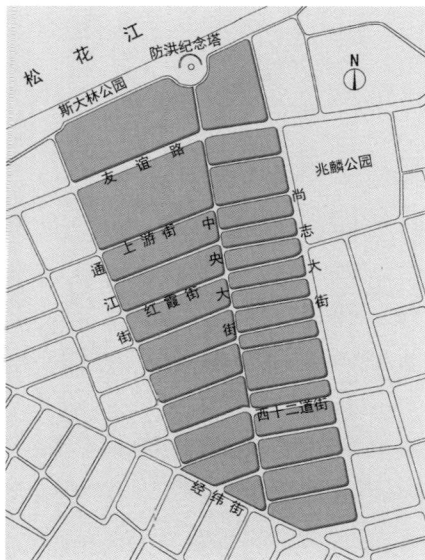

历史文化街区简图

---

① "巴洛克"是指在17世纪欧洲开始盛行的一种艺术风格，对欧洲古典建筑后期发展有较大的影响。"中华巴洛克"产生于20世纪初，主要代表是哈尔滨道外区中西结合的特色历史建筑群。

1920 年代红霞街上的马车，右侧穹顶建筑为节克坦斯电影院（1920 年代拆除）

1930 年代西十二道街南侧的商铺建筑（现存）

1930 年代繁华的中央大街，中部穹顶建筑为马迭尔宾馆（现存）

1940 年代中央大街的街景，远处建筑为松浦洋行旧址（现存）

的中国务工人员在这里自发建房栖息，使得中央大街主街东侧逐步形成以中国人为主的社区，低矮的自建房让这里形成类似村落的道路间距。从 1902 年开始，中央大街区域开始划块进行土地租卖，但东侧街道基本延续了之前的地块大小，这使得东侧辅街之间普遍较近。虽然东侧街道间地块较小，但是这个尺度比较适合中国人家庭式的庭院布局，因此这里也形成了一些类似傅家甸（现在道外区发源地）老建筑的街区尺度和院落模式。而主街西侧是外国侨民的聚集区，单是犹太人在最高峰期间就达到了 2 万人，这片区域的街道间距更大，更加符合传统欧洲街区的尺度。正是生活和文化的差异，造成了中央大街两侧街道这一非常独特的现象，也体现了中央大街街区的形成是规划与自发相结合的结果。

　　基于上述的道路形成原因，主街东侧的街道数量远远多于西侧。同时，由于东西两侧的道路大多不互通，这使得两侧道路的命名也比较有特点，就是东西两侧分别命名，即使两侧贯通的街道也不例外。相对来讲，主街东侧的街道现在以序号来命名显得更加规整一些，当然，这些东侧街道在早些年也有自身独特的名称。例如，西四道街曾经叫"八杂市街"、西十二道街曾经叫"石头道街"、西十五道街曾经叫"学堂街"，这些老叫法会让很多老哈尔滨居民感到更加亲切和怀旧。整个历史文化街区范围内的街道，都承载了太多哈尔滨人的美好记忆，也拥有着众多的老城故事。

　　中央大街保护范围内形成了"小街区密路网"的街道格局，这种布局是欧洲传统古城的规划理念。虽然这个街区布置不太适应现阶段的车行交通，但这是更加符合人行的尺度。历史文化街区内，主辅街的宽度普遍在20米左右，而街区内的老建筑高度也大多在10~20米区间，这使得街区内道路两侧的界面尺度非常舒适。无论是居民还是游客，无论是夏日的清晨还是冬日的夕阳，中央大街这片城区拥有着最适合城市漫步的旖旎风光。

3. Distinctive Features of the Zhongyang Street Historic and Cultural District

The Zhongyang Street Historic and Cultural District is structured with numerous longitudinal and transverse streets, forming the skeleton of the area. Due to the unique circumstances under which Zhongyang Street was developed, the first half of the 20th century saw a coexistence of foreign expatriates and Chinese residents. The collision of Eastern and Western cultures gave rise to a distinctive urban fabric, dominated by Western architectural styles yet seamlessly blending Eastern and Western ways of life.

Currently, the layout of the historical and cultural district is characterized by a greater length in the north-south direction than in the east-west, with Zhongyang Street running primarily in a north-south direction at its core. The district's road network forms a "three longitudinal and six transverse" framework, wherein the roads, excluding Zhongyang Street, function as the primary vehicular routes and are indispensable for vehicular access to Zhongyang Street. The side streets flanking Zhongyang Street exhibit an asymmetrical pattern, resulting in considerable variation in the size of individual blocks, a condition with specific historical origins. By the turn of the 20th century, the east side of Zhongyang Street gradually developed into a community predominantly inhabited by Chinese, with low-rise self-built houses reminiscent of village road dimensions. Conversely, the west side became a hub for foreign expatriates, with street spacing that aligns more closely with traditional European urban scales. It is these cultural and lifestyle distinctions that have given rise to the unique street patterns observed on either side of Zhongyang Street, illustrating the district's development as a blend of planning and organic growth.

Within the conserved expanse of Zhongyang Street, a "small-block dense road network" street pattern has emerged, embodying the urban planning concepts of traditional European ancient cities. In the historic and cultural district, the streets, both main and side, typically measure around 20 meters in width, while the heights of the old buildings generally fall between 10 and 20 meters. This scale provides a comfortable spatial interface on either side of the streets.

4 建筑风貌

如果说中央大街是哈尔滨这座城市的标志，那么建筑艺术就是中央大街的灵魂，正是数量众多和琳琅满目的欧式建筑，才让中央大街闻名遐迩。中央大街曾经有着几百栋的欧式古典建筑，这些建筑都是在 20 世纪上半叶的几十年之内建成的。这些建筑的风格囊括了欧洲的古典主义、拜占庭、文艺复兴、巴洛克、乔衷主义、新艺术运动、装饰艺术运动等多种流派，同时，少数建筑也展现了阿拉伯地区的摩尔风格，以及部分建筑的中国传统装饰风格，这使得中央大街真正成为万国建筑博览会。即使现在大多老建筑已经在历史中消失，但是现存的百余栋文物建筑和历史建筑仍然让这里成为了著名的露天博物馆。

哈尔滨建城之初，西方国家的建筑思潮处于重大的变革期，整体文化艺术领域也从古典往现代进行转变。工艺美术运动和新艺术运动先后在 19 世纪末席卷西方的文化艺术领域，而在 20 世纪初，现代建筑也开始了萌芽。这时的哈尔滨刚刚涌入以俄国人为主的外国人，西方古典建筑样式仍然是这些传统思维欧洲人的首选。同时，这些西方风貌建筑对当地中国人来说也是富丽堂皇的表率，更是喜闻乐见的形式，这使得欧式建筑风格在哈尔滨顺理成章地生根发芽。即使当时的欧洲本土逐渐开始了现代建筑设计，但是远隔重洋的哈尔滨把欧式建筑建设持续到了 20 世纪 40 年代。中央大街的欧式建筑基本是以俄国建筑师为主的国外建筑师设计建造的，也有一部分是在哈尔滨院校培养的外籍建筑师进行创作的，这使得城市建筑保持了纯正的欧式古典风貌。

最初来到哈尔滨的很多俄国建筑师具有非凡的才华，像 C.A. 文萨恩、日丹诺夫等都成为哈尔滨城市建设的主要贡献者，同时也都在中央大街留下了浓重的一笔。虽然中央大街的建筑风格五花八门，但是新艺术运动[1]风格在这里可以说是最耀眼的明星，现存代表建筑包括著名的马迭尔宾馆和米尼阿久尔餐厅旧址等。20 世纪初，新艺术运动在欧洲本土走到了尾声，但是在俄国仍然非常盛行。哈尔滨这座全新建设的城市给外国建筑师提供了巨大的舞台，他们开始一些脱离古典欧式建筑的新艺术创新性尝试，这使得哈尔滨成为全世界新艺术建筑最多的几座城市之一。中央大街的新艺术建筑强调自由曲线的运用，一般都会在古典建筑比例基础上进行屋顶、窗户和入口等处的重点弧线处理，这些仿自然的形态让建筑进一步地走向现代语言。同时，装饰符号的运用也是这些建筑的显著特征，圆环和多条并列的直线经常被应用在墙体上，这在中央大街的多栋建筑上都可以看到。总体来说，我国建筑师设计的这些新艺术语言具有俄国自身特色，同时在哈尔滨的设计中也进行了一些融合和演化，展现出了优美而新颖的建筑姿态。

在中央大街的建筑风格中，折衷主义[2]是数量最多的建筑类型，现存代表建筑有哈尔滨特别市公署旧址、阿格洛夫洋行旧址和东风街犹太住宅旧址等。哈尔滨折衷主义建筑体现了多种手法的综合运用，大多强调比例和谐与造型柔美，整体建筑往往特色并不鲜明，但更加融入街区环境。

---

[1] 新艺术运动是发生在 19 世纪末和 20 世纪初欧洲的一次装饰革新设计运动，这场运动几乎席卷了整个欧洲，同时影响了全世界的设计领域。新艺术运动在建筑领域的影响也非常广泛，是古典建筑与现代建筑之间的一次重要过渡。

[2] 折衷主义建筑是从 19 世纪上半叶在欧洲开始的一种建筑风格。折衷主义打破了传统古典建筑历史风格之间的壁垒，可以选择和模仿历史上的任何建筑语言，经过融合和重组而形成优雅的建筑形态。巴黎歌剧院是折衷主义的最重要代表建筑。

老照片中的马迭尔宾馆（现存，中部三层建筑）

老照片中的哈尔滨特别市公署旧址（现存，左侧四层建筑）与阿格洛夫洋行旧址（现存，最右侧三层建筑）

老照片中的松浦洋行旧址（现存）

老照片中的东风街犹太住宅旧址（现存）

老照片口的犹太免费食堂和犹太养老院旧址（现存）

老照片中的中央大街历史文化街区（从尚志大街与西十一道街路口往西北拍摄）

具有巴洛克风格的建筑虽然在中央大街并不多见，但是却有一座与马迭尔宾馆齐名的代表，那就是与马迭尔宾馆毗邻的松浦洋行旧址。这栋高耸建筑在折衷主义比例上融入了巴洛克的装饰元素，成为中央大街最耀眼的建筑之一。除了西方建筑常用的语汇，在中央大街也出现了具有阿拉伯地区"摩尔风格"[①] 的建筑类型，主要代表有犹太医院旧址、犹太免费食堂和犹太养老院旧址，这一风格语言进一步丰富了中央大街的建筑语汇。多种建筑风格的并存，让中央大街真正成为"汇欧陆建筑精华，展百年城市繁荣"的标志。

4. Architectural Styles of Zhongyang Street

Zhongyang Street was once adorned with several hundred buildings reflecting European classical architecture, all constructed within the span of a few decades in the early 20th century. These structures showcased a rich tapestry of styles, including European Classicism, Byzantine, Renaissance, Baroque, Eclecticism, Art Nouveau, and Art Deco movements, with a select few buildings also displaying Moorish styles from the Arab region and traditional Chinese architectural decorations. This diversity has truly transformed Zhongyang Street into a veritable international architecture exposition.

During Harbin's formative years, Western architectural thought was in the throes of profound transformation, with the cultural and artistic landscape evolving from classical to modern paradigms. At this juncture, Harbin had just begun to see an influx of predominantly Russian foreigners, for whom Western classical architectural styles remained the preferred choice, deeply rooted in their traditional European mindset. Despite the onset of modern architectural designs in Europe, the construction of European-style buildings in Harbin persisted into the 1940s, facilitated by the city's geographical isolation. The European-style buildings on Zhongyang Street were primarily designed and constructed by foreign architects, predominantly Russian, ensuring the preservation of an authentic European classical appearance.

While Zhongyang Street boasts a diverse array of architectural styles, the Art Nouveau buildings stand out as particularly striking highlights. Notable surviving examples include the renowned Modern Hotel and the former site of the the Miniajur Teahouse. Eclecticism accounts for the majority of architectural styles on Zhongyang Street, with numerous exquisite buildings still extant. Although Baroque-style buildings are less prevalent, there exists a prominent example that rivals the Modern Hotel—the adjacent Matsuura Hiroyuki Trading Company. The coexistence of multiple architectural styles has truly transformed Zhongyang Street into a "melting pot of European architectural essence, showcasing a century of urban prosperity".

---

① 摩尔建筑是产生于中世纪的一种伊斯兰教建筑风格，最早形成于南欧西班牙和北非地区。摩尔建筑设计以阿拉伯风格为主，同时融合哥特和拜占庭等建筑语言。摩尔建筑影响和带动了后来伊斯兰教国家的建筑设计，也对犹太建筑发展有着一定的影响。

二 中央大街的历史街区

Historic District of Zhongyang Street

在中央大街历史文化街区范围内共有各种级别街道 27 条，周边的边界街道 6 条，这些街道共同构成了中央大街区域的漫游路线体系。历史文化街区内除了中心的中央大街主街，其他街道都是东西走向的辅街，与中央大街形成了鱼骨状的交叉结构。由于历史文化街区范围较大，这些街道除了交通功能之外，也都有着自身的历史生成背景和建筑艺术特色。本章首先介绍中央大街主街，然后选取了 4 条老建筑保存较好、同时能够展示不同文化历史和业态格局的街道进行重点介绍。让大家走进这些百年历史文化街区，开启尘封的文化追忆之旅。

西十二道街的清晨（摄影 唐家骏）

历史文化街区手绘地图

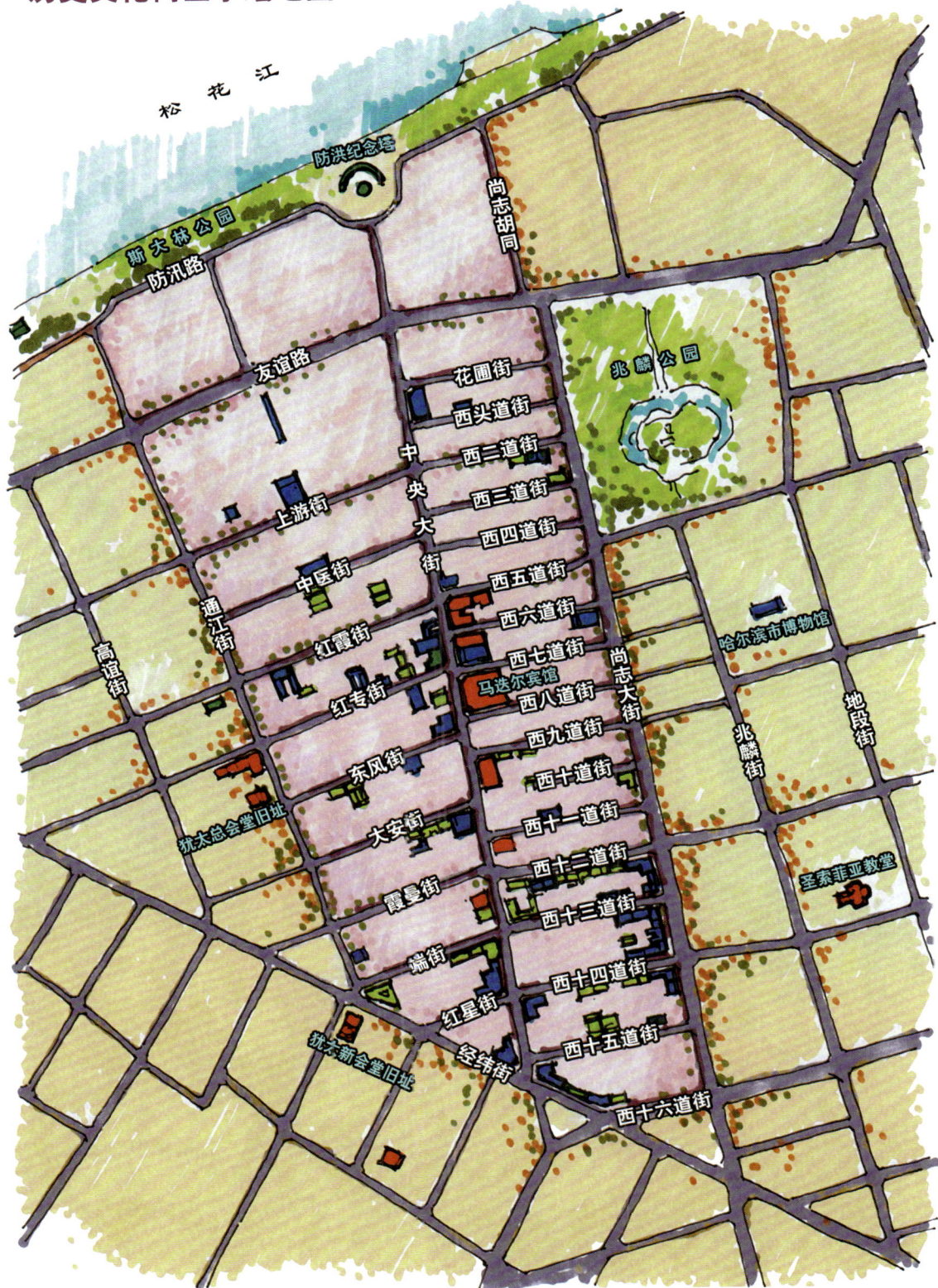

松花江

斯大林公园

防洪纪念塔

防汛路

尚志胡同

友谊路

花圃街

西头道街

中央大街

西二道街

西三道街

兆麟公园

上游街

西四道街

西五道街

中医街

西六道街

通江街

红霞街

西七道街

尚志大街

高谊街

红专街

马迭尔宾馆

西八道街

哈尔滨市博物馆

西九道街

东风街

西十道街

大安街

西十一道街

兆麟街

地段街

犹太总会堂旧址

霞曼街

西十二道街

西十三道街

圣索菲亚教堂

端街

西十四道街

红星街

西十五道街

犹太新会堂旧址

经纬街

西十六道街

1 万国博览——中央大街

　　1898 年，第一艘中东铁路俄国团队的船只到达了松花江畔，中央大街从这时开始就逐步形成。这条总长近 1.5 千米的主街依然是整个历史文化街区的核心，这里曾经来过太多的历史名人，有闻名于世的老建筑，也有百年屹立的商业品牌。大多数著名的文物建筑和历史建筑，都在中央大街主街的两侧排布，现存的 8 栋全国重点文物保护建筑和 2 栋哈尔滨市文物保护建筑几乎都在这条中轴线上。虽然主街的老建筑在百年间消失了半数，但幸运的是，像马迭尔宾馆、奥昆大楼、松浦洋行、万国洋行以及道里秋林公司等最著名的建筑遗产被保存了下来。这些数量可观、风格多样的欧式老建筑让这条街道成为真正的建筑艺术圣地。

　　一般游客来到中央大街区域，往往从西侧的中央大街站地铁口或东侧的圣索菲亚教堂方向到达，这使得历史文化街区南段的霞曼街和西十二道街往往车水马龙。但是这个到达节点也使得一部分游客错过了南端的中央大街部分，而中央大街的入口是从最南端的经纬街开始的。中央大街的南端入口有哈尔滨一等邮局旧址和万国储蓄会旧址分列两旁，张开怀抱欢迎游客们的到来。一路向北，经过端街博物馆和肖克庭院等老建筑景点，到达西十二道街街口的米尼阿久尔餐厅旧址，这是由南向北途经的第一栋全国重点文物保护建筑。随后往北，经过犹太国民银行旧址、奥昆大楼（协和银行旧址）等老建筑，可到达中央大街最中心的老建筑聚集区。在西八道街与西五道街之间，这个主街的中心区集合了马迭尔宾馆、秋林洋行道里分行旧址、松浦洋行旧址、万国洋行旧址以及远东银行旧址等最著名的建筑，可以说是中央大街最具观赏价值的建筑艺术核心区。路过这片中心区，中央大街北端还有一栋老建筑比较知名，就是位于西头道街街口的道里秋林公司旧址，这是主街现存历史最悠久的老建筑之一。路过历史文化街区北部的街道友谊路，就到达了中央大街最北端的人民防洪胜利纪念塔，建成于 1960 年的防洪纪念塔成为中央大街北部的重要江畔景观节点，也为中央大街这条城市轴线画上了圆满的句号。

1. A Global Exposition on Zhongyang Street

　　Since its inception in 1898, Zhongyang Street has gradually taken shape. The majority of renowned cultural relics and historical buildings are arrayed along both sides of the main street of Zhongyang Street, where 8 national cultural heritage buildings and 2 Harbin municipal cultural heritage buildings are found along this central axis. Although half of the historical buildings on the main street have vanished over the past century, it is fortunate that some of the most famous architectural legacies have been preserved.

　　At the southern gateway of Zhongyang Street, the former First-Class Post Office in Harbin and the Harbin Savings Association of Nations stand sentinel, extending a warm welcome to all visitors. Progressing northward, past the former sites of the Jewish National Bank and the Union Bank among other old buildings, one reaches the central cluster of old buildings on the main street. This central area houses the most famous buildings such as the former sites of the Modern Hotel, the Daoli Branch of the Churin Trading Company, the Matsuura Hiroyuki Trading Company, and the Wan Guo Foreign Firm, representing the core of architectural art worth visiting on Zhongyang Street. Continuing past the Youyi Road in the northern reaches of the historical and cultural district, one arrives at the Harbin Flood Control Memorial Tower at the northern terminus of Zhongyang Street, completed in 1960, which serves as a fitting conclusion to the urban axis.

老照片中的中央大街南端入口

老照片中的中央大街中部街景

◀中央大街南端入口，左侧为哈尔滨一等邮局旧址，右侧为哈尔滨万国储蓄会旧址

（摄影 韦树祥）

▼中央大街中部街景，左侧为松浦洋行旧址

（摄影 韦树祥）

中央大街中部街景，左侧为秋林洋行道里分行旧址，中部为松格利药铺旧址，右侧为万国洋行旧址
（摄影 韦树祥）

　　中央大街主街的保护建筑内容丰满，同时在沿途也形成了多个著名建筑节点。这些建筑节点各具特色、高低错落，带来了游览中央大街过程中节奏的多样变化。中央大街主街除了文物建筑和历史建筑的漫步体验之外，老字号品牌也是这条街道的重要组成部分。马迭尔冷饮、华梅西餐厅、塔道斯西餐厅、老都一处等餐饮品牌都设置在老建筑之中，与老建筑的历史融为一体，也与老建筑的空间相得益彰，进一步提升了中央大街的历史魅力。除了历史文化品牌和新兴商业广场，各种文化展馆和网红店铺也都与老建筑紧密结合，激活了这些历史遗址的新生。古典与现代在这里交汇共荣，历史与文旅在这里完美邂逅，这就是中央大街的百年沧桑与荣耀。

The main street of Zhongyang Street is replete with historical architecture, and along its length, several notable architectural nodes have emerged. Century-old dining brands such as the Modern Ice Lolly, Huamei Western-style Restaurant, Tatoc's Restaurant, and Laoduyichu Restaurant are nestled within these old buildings, seamlessly integrating with their history and complementing their spatial characteristics, further enhancing the historical charm of Zhongyang Street. This is where the classical and the contemporary coexist and thrive, and where history and cultural tourism converge in perfect harmony, showcasing the centuries of vicissitudes and glory of Zhongyang Street.

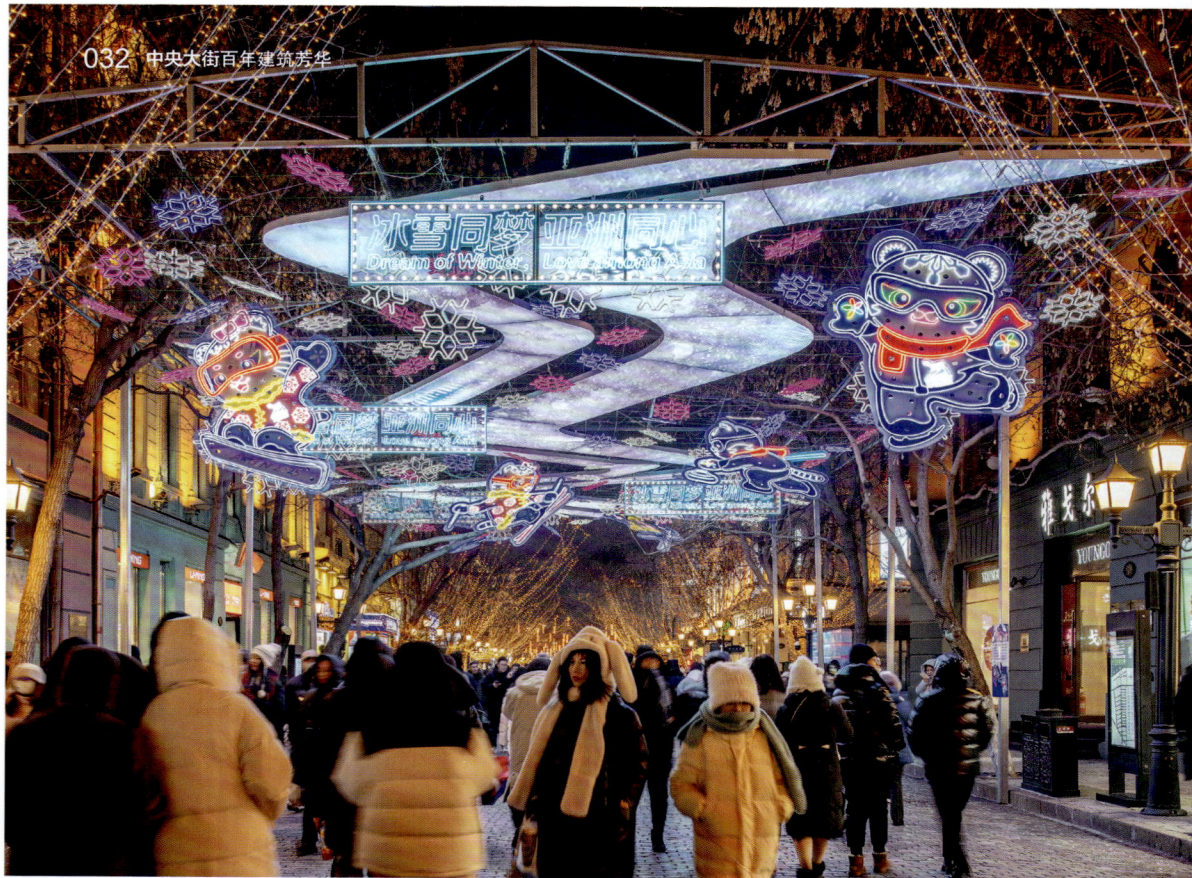

中央大街即景（摄影 韦树祥）

防洪纪念塔与中央大街航拍
（摄影 唐家骏）

2 红色之旅——西十五道街

　　在中央大街最南端墨绿色铁艺门楼的东侧，是历史文化街区内最南部的辅街——西十五道街。这条街道形成于 20 世纪初，最初叫作学堂街，在 1925 年后改名为十五道街。这条街道现存老建筑并不多，包含挂牌的不可移动文物 1 栋和历史建筑 3 栋，以及未挂牌的一些老建筑。但这条街道却是中央大街的红色文化发源地，是中央大街红色足迹之旅的起点。在俄国十月革命之后，逐步形成了一条联系中国共产党和苏联的"红色丝绸之路"，而作为中东铁路核心的哈尔滨就是这条路线的枢纽。中国共产党的早期领导人李大钊、陈独秀、瞿秋白和周恩来都在革命初期来过哈尔滨。同时，很多早期中共党员都通过这条红色路线前往过苏联，中央大街区域也成为当时中共重要的活动基地。

　　在中央大街一侧进入西十五道街，步行不远的道路北侧有一栋带有鲜明古典柱式的折衷主义建筑，这是建于 1920 年代的中国区老住宅。1933 年春，共产党员金剑啸在这栋建筑的后院创办了天马广告社，成为党领导的左翼文化运动活动阵地。这栋位于 33 号的三层建筑现在是哈尔滨党史纪念馆，也是中央大街南端开始的第一座展馆。由于西十五道街在新中国成立前主要是中国人居住区，使得这里的住宅具有"中华巴洛克"式的立面和院落特征，在党史纪念馆东侧的 3 栋沿街老住宅建筑就体现了这样的设计语言。在街道最东侧的 7 号老建筑就是中共北满特委扩大会议遗址，也是中共早期领导人陈潭秋的被捕地，陈潭秋在这里组织会议时被捕，在被关押两年后释放。这栋建筑虽然现在外观破旧，但曾经有着光荣的历史足迹，现在也是哈尔滨市不可移动文物建筑。

2. A Red Journey — West 15th Street

　　The West 15th Street, nestled in the southern extremity of the historical and cultural district, emerged at the dawn of the 20th century. Presently, the street hosts a scant number of old buildings, comprising 1 designated immovable cultural relic and 3 historical buildings, alongside several unregistered old buildings. This street, however, is the cradle of Zhongyang Street's red culture and serves as the starting point for the red footprint journey. It was along this red route that numerous early members of the Chinese Communist Party (historically abbreviated as CCP, now as CPC, i.e. the Communist Party of China) ventured to the Soviet Union, thereby establishing the Zhongyang Street area as a key site for CCP activities during that era.

　　Venturing into the West 15th Street from the side of Zhongyang Street, a short walk on the north side of the road reveals an eclectic building with distinct classical columns, built in the 1920s as an old residential area in China. In the spring of 1933, CCP member Jin Jianxiao founded the Tianma Advertising Agency in the backyard of this building, turning it into a stronghold for the left-wing cultural movement led by the Party. This three-story building at No. 33, now the Memorial Hall of History of CPC in Harbin, is the first exhibition hall at the southern end of Zhongyang Street. Since the West 15th Street was mainly a Chinese residential area before the establishment of the P.R.C., the residences here feature "Chinese Baroque" facades and courtyards, with three street-side old residential buildings to the east of the Memorial Hall showcasing such design language.

西十五道街街景（摄影 唐家骏）

哈尔滨党史纪念馆（天马广告社旧址位于这栋建筑后院）（摄影 韦树祥）

　　西十五道街遗存老建筑都位于道路北侧，多栋建筑相邻建设形成了一个比较完整的沿街界面。除了红色之旅外，这里的老建筑大多保持了百年前的原貌，虽然面临着维护整修，但是也能看到革命志士当年所在的原始景象。这条街道是一条小众的漫步路线，适合本地的居民和有充裕时间的游客来慢慢体会。

　　The remaining old buildings on the West 15th Street are all located on the north side of the road, with several buildings constructed adjacent to each other, forming a relatively complete street interface. This street, though less travled, offers a serene escape for local residents and leisurely tourists who relish the opportunity to savor its unique charm.

两栋历史建筑（摄影 韦树祥）

最右侧老建筑为陈潭秋被捕地
（摄影 韦树祥）

3　市井生活——西十四道街

　　与西十五道街紧邻的西十四道街同样历史悠久，从 1903 年开始这里被称作东透笼街，在 1925 年后改名为十四道街。这条街道也延续了西十五道街的红色建筑足迹，但同时保存了更多的早期中国居民院落住宅，使得这里更加具有历史沧桑感。西十四道街往东可以到达圣索菲亚教堂，往西到达中央大街的南端入口，这使得这条街成为人流较多的步行通道。同时，这条街道拥有整个历史街区内保存最为完好的新中国成立前的中国居民建筑群，这些建筑不仅是当年中国社区市井生活的代表，也生动再现了百年前中央大街的人间烟火。

　　西十四道街的主要老建筑都集中在尚志大街一侧，与尚志大街交叉的街道入口两端有着多栋不可移动文物建筑，其中南侧的原恒顺昌大楼旧址和北侧的原日昇恒大楼旧址都是和谐优雅的折衷主义建筑，形成了良好的路口视线景观。从尚志大街走入西十四道街之后，在街道的两侧都是折衷主义风格老住宅。沿街老住宅形成了完整连续的二三层建筑立面，外部建筑曾经大多是商业用途。而通过每栋老建筑的沿街门洞，都能进入建筑内部的合院。走进这些院落会让人为之一动，一方面是其展现了具有中国传统装饰的近代民族建筑风貌，另一方面是当下的这些内院几乎维持了历史原貌，历史尘埃仍然在这些老院落中荡漾。

3. Vulgar Life — West 14th Street

　　Adjacent to the West 15th Street, the West 14th Street is equally steeped in history, preserving a greater number of early Chinese residential courtyards and thus exuding a more pronounced aura of historical depth. These clusters of Chinese residential architecture stand as quintessential representations of the community's everyday life in bygone years, authentically recreating the bustling human landscape of Zhongyang Street a century ago.

　　The primary old buildings on the West 14th Street are predominantly located along the Shangzhi Street. At its intersection with the Shangzhi Street, the entrance to the West 14th Street is flanked by numerous immovable cultural relics, creating a visual appeal of the crossroads. Venturing from the Shangzhi Street into the West 14th Street, one is greeted by rows of old residences adorned in an eclectic style, embellished with Baroque decorative motifs. These old residences create a seamless, continuous facade of two to three stories, their exteriors once predominantly commercial. Each old building's street-side entrance leads to an internal courtyard, reflecting the distinct style of modern national architecture with traditional Chinese decorations.

西十四道街街景（摄影 唐家骏）

西十四道街的保护建筑（摄影 韦树祥）

左侧老建筑为阿格洛夫洋行旧址（摄影 韦树祥）

如果算上西侧街口的阿格洛夫洋行旧址，西十四道街现阶段是拥有哈尔滨不可移动文物建筑最多的辅街，可以说是历史遗存丰富、艺术水准精湛。但是这里的多座文物建筑和历史建筑破损严重，一些老住宅建筑仍有居民使用，使得这里成为中央大街区域内最需要被挽救的街道。不过建筑形象虽然破旧，但是历史情怀显得更浓，在这里闲行是一场适合文艺人士的怀旧之旅。

When considering the former site of the Aglov Trading Company at the western entrance, the West 14th Street currently boasts the highest count of immovable cultural relic buildings of Harbin among the side streets. Yet, many of these cultural and historical buildings are severely damaged, and some old residential buildings are still in use by residents, making this one of the most in need of rescue streets in the Zhongyang Street area.

从尚志大街看西十四道街（摄影·唐家骏）

4 商贾繁荣——西十二道街

在中央大街区域的辅街中，有一条现如今保存最为完整的历史街道，这就是作为交通要冲的西十二道街。西十二道街也在 1903 年形成，当时是石头道街的一部分，石头道街因当时路面铺满方石而得名，在 1925 年之后这条街道改名为十二道街。这条道路一直以来是历史文化街区南部的东西向干道，现在也是南部区域唯一能够穿越中央大街主街的机动车道路，这也使得西十二道街占据了非常好的商业优势。西十二道街南侧的建筑界面保存最好，连续的 10 栋文物建筑与历史建筑都无一缺失，这在整个历史文化街区也是独一无二的存在，使得西十二道街南侧建筑群非常具有历史价值和观赏价值。

在尚志大街和西十二道街街口的南侧，保存下来的真美照相馆是一栋不可移动文物建筑，这栋建筑始建于 1900 年代，真美照相馆 1930 年代在此开业，后来不断被翻建为现在的样式。随后往西，连续的 6 栋历史建筑一字排开，这 6 栋建筑在建成之初也都是商铺的业态。6 栋建筑高度为二至四层不等，错落有致的同时比例协调，形成了非常统一和谐的街区界面。经过 6 栋建筑往西是 2 栋建于 1920 年代的不可移动文物建筑，这就是著名的俄国第一借贷金融银行旧址和美国花旗银行哈尔滨分行旧址。这两栋曾经的银行设计非常具有特点，建筑立面并没有顺应两侧的折衷主义和新艺术设计语言，而是采取了古典主义形式突出门前柱廊的设置。但可能是为了避免柱廊尺度过大而与周边建筑不协调，柱头只做到了建筑的二层立面顶部，建筑的三层立面设计成了相对简约的建筑界面。这一系列操作使得这两栋建筑的古典建筑手法并不常规，但却与周边的街区尺度更加协调，也更加融入整体的街道氛围。

4. Prosperity of Merchants — West 12th Street

Among the side streets in the Zhongyang Street area, the West 12th Street stands out as the most intact historical street to date, functioning as a crucial transportation hub. Established in 1903, it has consistently served as the primary east-west artery in the southern sector of the historical and cultural district. Today, it remains the sole motor vehicle route crossing the main street of the Zhongyang Street in the southern region, thereby conferring a distinct commercial advantage to the West 12th Street.

The architectural facade on the southern side of the West 12th Street is exceptionally well-preserved, featuring a contiguous array of 10 cultural relics and historical buildings, a uniqueness unparalleled within the entire historical and cultural district. This makes the building ensemble on the south side of the West 12th Street highly valuable both historically and aesthetically. Notably, it includes the renowned former sites of the Russian First Loan Bank and the Harbin Branch of Citibank of the United States. The designs of these 2 former financial institutions are distinctively characterized by their classical facades, which deviate from the eclectic and Art Nouveau design languages prevalent on either side, emphasizing the prominence of their front colonnades.

西十二道街夜晚的街景（摄影 唐家骏）

真美照相馆旧址（摄影 韦树祥）

完整的老建筑界面（摄影 韦树祥）

西十二道街街景（摄影 韦树祥）

老照片中的西十二道街（从西往东拍摄）

1932 年洪水中的西十二道街（从东往西拍摄）

西十二道街南侧这些老建筑在前些年也一度被改造得面目全非。近几年，在有关部门的主持下，对这10栋老建筑进行了立面恢复工程，完工后的老建筑群重新展现出本来的面目，成为整个历史文化街区内最为完整的街景。不过遗憾的是，西十二道街北侧建筑在21世纪初的大拆大建过程中，整体都被拆毁而无一幸免，现在北侧的界面完全是后建的仿欧式建筑，这也是西十二道街发展过程中的遗憾和伤痛。

南侧的 3 栋历史建筑（摄影 韦树祥）

In recent years, a facade restoration initiative for these 10 old buildings has been spearheaded by relevant authorities, culminating in the re-emergence of their original appearance and establishing them as the most intact streetscape within the entire historical and cultural district.

俄国第一借贷金融银行旧址（摄影 韦树祥）

美国花旗银行旧址（摄影 韦树祥）

西十二道街夜景航拍（摄影：唐家骏）

5 大隐于市——红专街

在中央大街主街的两侧，东侧整体的现存老建筑要多于西侧，这也使得东侧辅街的游览价值要高于西侧的辅街。但是在西侧也有一条街道非常有名气，这条街道还有一个响亮的品牌——红专街早市。形成于 1903 年的红专街最早被叫作面包街，因为这里在早期开设了一家俄国面包厂。后来面包街逐渐发展成了一条繁华的商业街道，在 1959 年改称为现在的红专街。由于早期中央大街两侧居民的国籍差异，历史文化街区东南部的几条辅街大多是中国院落模式。而主街西侧辅街早期以外国人居住为主，因此建筑布局与东侧街区有了明显的差异，红专街内现存的老建筑就是西方居民生活方式的典型代表。

红专街与中央大街交叉口的北侧就是大名鼎鼎的松浦洋行旧址，这是名气仅次于马迭尔宾馆的老建筑。从这里进入红专街之后，首先会看到南侧红专街 10 号的丽都电影院旧址，这栋建于1926 年的建筑是哈尔滨较早的电影院之一，典型的折衷主义风格，甚至从这里能够看到对巴黎歌剧院手法的借鉴。不过，这栋建筑现在被一家餐厅使用，室外也进行了较大的立面改动。红专街多栋老建筑都位于街道北侧，其中，比较有名的建筑是俄侨卡赞·贝克医生诊所旧址和犹太私人医院旧址。建于 1934 年的犹太人私人医院旧址是红专街最具特色的老建筑，也是中央大街区域为数不多的装饰艺术运动风格建筑。特别是这栋建筑后部有着天井式内院，静谧的红砖院落现在已经是网红打卡场所，也展现了当年外国居民的生活方式。相比中央大街主街东侧的街道，西侧辅路之间的间距都较大，这使得沿街商业建筑的后面，还别有洞天地存在一些老建筑。在丽都电影院旧址对面的老建筑后院，就还有两栋历史建筑，这些隐藏在沿街商业建筑之后的老建筑展现了当年大隐于市的生活态度。

5. Hidden in Plain Sight — Hongzhuan Street

The Hongzhuan Street, dating back to 1903, lies to the west of Zhongyang Street's main street. It was initially dubbed Bread Street, owing to the establishment of a Russian bakery in its early days. The side streets on the west side of the main street were primarily inhabited by foreigners in the early days, resulting in a noticeable difference in architectural layout from the east side blocks. The existing old buildings on the Hongzhuan Street serve as quintessential examples of Western residential lifestyles.

To the north of the Hongzhuan Street and Zhongyang Street intersection stands the renowned former site of the Matsuura Hiroyuki Trading Company, second only in fame to the Modern Hotel. Several old buildings on the Hongzhuan Street, including the notable former sites of the Russian expatriate Dr. Kazem Beck's Clinic and the Jewish Private Hospital, are located on the north side of the street. The former site of the Jewish Private Hospital, built in 1934, is the most characteristic old building on the Hongzhuan Street and one of the few Art Deco style buildings in the Zhongyang Street area. What is especially noteworthy is the courtyard at the back of the building, a tranquil space that has become a popular spot for social media, showcasing the lifestyle of foreign residents at the time.

红专街街景航拍（摄影 唐家骏）

红专街街景（摄影 韦树祥）

丽都电影院旧址（摄影 韦树祥）

右侧为俄侨卡赞·贝克医生诊所旧址（摄影 唐家骏）

老照片中的丽都电影院旧址

1932年洪水中的红专街（从东往西拍摄）

犹太私人医院旧址内部庭院（摄影 韦树祥）

　　红专街曾经属于俄籍犹太人为主的街区，一些建筑都由当时的业主聘请知名建筑师进行设计，也使得现存建筑更加具有独特性，成为这个街道的专有特征。另外值得一提的是，在红专街和通江街交叉口以西，就是哈尔滨最著名的市集之一——红专街早市。这个早市以其便捷的地理位置和多样的地方美食而闻名，现在已经是众多游客必打卡的经典内容。现如今，红专街在历史文化街区内的路段已经被设置成步行景观街区，为游客提供更加舒适宜人的漫步体验。

Historically, Hongzhuan Street was a bastion for the Russian Jewish community, with some structures commissioned to prominent architects by contemporary proprietors. This practice has lent a unique architectural flair to the surviving buildings, thereby defining the exclusive character of the street.

红专街 25-1 号老建筑，位于红专街 13-21 号院内
（摄影 韦树祥）

三 中央大街的建筑艺术

The Architectural Art of Zhongyang Street

中央大街精美的老建筑是每个历史街道的重要骨架和文化灵魂，正是百余栋不同风格建筑的存在让中央大街名满天下。本章对历史文化街区内的8栋国家级文物建筑和2栋市级文物建筑进行详细解读，其中马迭尔宾馆、松浦洋行旧址和防洪纪念塔是最著名的代表。而多栋不可移动文物建筑和历史建筑为这里进一步增光添彩，本章也选取了哈尔滨一等邮局旧址、阿格洛夫洋行旧址、万国洋行旧址和道里秋林公司旧址等17栋知名及具有特色的建筑进行介绍。不同文化的宴丽、多元建筑的碰撞，让中央大街的建筑艺术繁花似锦。

阿格洛夫洋行旧址（摄影 韦树祥）

主要保护建筑手绘地图

1. 哈尔滨万国储蓄会旧址
2. 哈尔滨一等邮局旧址
3. 阿格洛夫洋行旧址
4. 哈尔滨特别市公署旧址
5. 奥谢金斯基大楼旧址
6. 中央大街 50 号
7. 米尼阿久尔餐厅旧址
8. 永安文化用品商店旧址
9. 犹太国民银行旧址
10. 协和银行旧址
11. 金安国际老建筑群
12. 欧罗巴旅馆旧址
13. 伏尔加·贝尔加银行旧址
14. 马迭尔宾馆
15. 华梅西餐厅
16. 松浦洋行旧址
17. 犹太私人医院旧址
18. 秋林洋行道里分行旧址
19. 远东银行旧址
20. 万国洋行旧址
21. "戈洛布斯" 犹太电影院
　　旧址
22. 犹太医院旧址
23. 联谊饭店旧址
24. 红霞街 31-1 号
25. 新世界旅馆旧址
26. 道里秋林公司旧址
27. 人民防洪胜利纪念塔

（一）重点文物建筑
Key Cultural Heritage Buildings

马迭尔宾馆（摄影 / 唐家骏）

1 新艺术之冠——马迭尔宾馆

在中央大街的百余栋保护建筑中，有一栋建筑有着非常高的知名度。这栋建筑出现在许多影视作品中，同时也承载着闻名全国的冰棍品牌，这就是位于中央大街核心位置 89 号的全国重点文物保护单位马迭尔宾馆。马迭尔宾馆建于 1913 年，由当时的俄籍犹太人约瑟夫·开斯普投资建设，聘请了俄国著名建筑师 C. A. 文萨恩进行设计。建成后，它马上成为哈尔滨当时最豪华的多功能宾馆。马迭尔宾馆在过去的百年间，一直是中央大街最重要的地标建筑，同时也是中国最主要的近现代历史遗产建筑之一。

马迭尔宾馆名称的由来有多种说法，主流说法是俄文"модерн"的音译，体现了"摩登、时髦、现代"的寓意，这也与宾馆当时的建筑风格相吻合，因为这栋宾馆是哈尔滨新艺术运动建筑最重要的代表。新艺术建筑是 19 世纪末和 20 世纪初欧洲最具有革命性和影响力的建筑流派之一，建筑风格脱离古典建筑而逐步走向现代。大量采用柔美曲线和自然装饰让新艺术建筑在当时非常的时尚新颖，风靡一时的设计语言也一度影响到了沙皇俄国。马迭尔宾馆是由地上和地下部分组成的大型公共建筑，整体结构采取了砖木体系。建筑地上三层，依然采用了传统西方古典建筑三段式布局，在一二层之间设置主要的立面腰线，而顶部檐口之上再设置局部的孟莎顶阁楼。建筑最鲜明的新艺术特征就是上部檐口区域的精美装饰处理，屋顶通过女儿墙的曲线变化形成了柔美丰富的天际线，这些凸起的曲线造型在哈尔滨老火车站（已拆除）照片中也能看到相似的手法。在建筑檐口下部，圆环和竖向线条的装饰设计也是当时哈尔滨新艺术语言的特点之一。除了檐口区域之外，建筑的主入口和阳台也做了重点新艺术手法处理，这使得整体建筑立面主次分明、比例和谐。

1. The Crown of Art Nouveau — The Modern Hotel

Among the over one hundred historical preservation buildings on the Zhongyang Street, one building stands out for its high renown, located at the core position of No. 89 Zhongyang Street — the Modern Hotel. Erected in 1913 through the financial backing of the Russian-Jewish entrepreneur Joseph Kaspé and under the architectural genius of C. A. Vensaaen, it swiftly ascended as Harbin's pinnacle of luxury and multifunctionality. For a century after its inauguration, the Modern Hotel has remained the most significant landmark of the Zhongyang Street.

The Modern Hotel represents the epitome of the Art Nouveau movement in Harbin, being a large public building composed of above-ground and underground sections, utilizing a brick-and-wood structure. The building's three above-ground floors adhere to the traditional Western classical tripartite layout, with the main facade belt between the first and second floors, and a partial mansard roof above the cornice. The building's most distinctive Art Nouveau features are the exquisite decorative treatments in the upper cornice area, with the roofline creating a soft and rich skyline through variations in the parapet's curvature.

老照片中的马迭尔宾馆

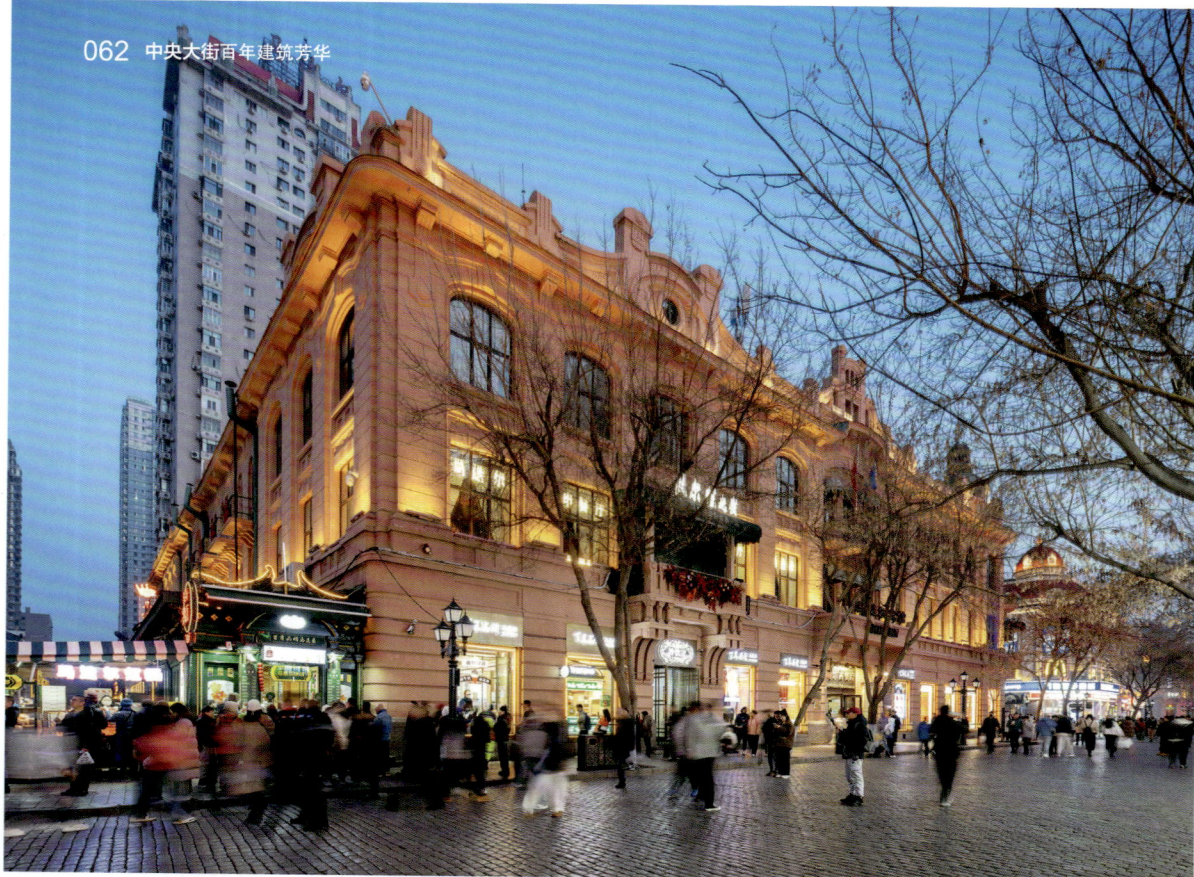

（摄影　韦树祥）

中餐厅（摄影 韦树祥）

　　马迭尔宾馆除了建筑艺术的知名度外，也具有深厚的历史文化底蕴。宋庆龄、郭沫若、茅盾、田汉、徐悲鸿和埃德加·斯诺等历史名人都曾在这里下榻，1948年的全国新政协（中国人民政治协商会议）筹备活动也在这里进行。除此之外，马迭尔冷饮也是闻名全国的品牌，无论什么季节到达中央大街，吃一口马迭尔宾馆楼下的马迭尔冰棍，已经成为游客的必备行程。马迭尔宾馆在历史发展过程中也经历了不断地加建扩建，在新中国成立后也不断地更替名称。在1987年，马迭尔宾馆恢复原名，之后被国家认定为"中华老字号"。现如今的马迭尔宾馆建筑是全国重点文物保护单位，得到了高度重视与重点维护。太多的故事与文化，让马迭尔宾馆历经人世变换后，依旧与中央大街风雨同舟。

新政协筹备活动旧址（摄影 韦树祥）

"国母"宋庆龄1929年下榻的房间（摄影 韦树祥）

客房区走廊（摄影 韦树祥）

（摄影 韦树祥）

（摄影 韦树祥）

2 情迷巴洛克——松浦洋行旧址

在中央大街 120—122 号有一栋与马迭尔宾馆知名度相近的建筑，这就是与马迭尔宾馆彼此相望的哈尔滨市文物保护单位松浦洋行旧址。关于松浦洋行的建成时间有多种说法，但是从中央大街的建筑发展历程和众多历史照片来看，1920 年应该是松浦洋行较为准确的建成时间。松浦洋行由当时的日本松浦商会投资建设，历时两年建成。由于俄国在 1917 年发生了十月革命，当时的日本企业为了彰显本国实力，竟然在沙俄残余势力主导下的中央大街建成了高达五层的建筑，其也成为新中国成立前中央大街主街上最高的老建筑。

松浦洋行虽然是由日本商会所建，但依然采用了欧洲古典建筑形式来与中央大街建筑相协调，建筑设计由俄国建筑师 A.A. 米亚斯科夫斯基完成。由于用地位于中央大街和红专街的街口，建筑采取了四分之一圆的转角平面来呼应街角，同时在转角造型的顶部设置大穹顶来强化这部分建筑体量。转角穹顶的设置属于俄国建筑常用的形式，这使得松浦洋行融入街区的同时，其高耸的楼体也形成了中央大街的视觉标志。松浦洋行立面同样采用常用的三段式构图，这栋建筑为了增加入口处的宏伟性和建筑的高大感，将常用的首层顶腰线提高到了二层顶。整体建筑依然是折衷主义的风格理念，但是这栋建筑增加了较多的巴洛克设计语言，窗口和柱式等细部有着繁复的巴洛克装饰，这使得松浦洋行成为中央大街巴洛克建筑的代表。

2. Enamored with Baroque — The Former Site of the Matsuura Hiroyuki Trading Company

At No. 120－122 Zhongyang Street, stands a building as renowned as the Modern Hotel — the former site of the Matsuura Hiroyuki Trading Company, facing the Modern Hotel. The Matsuura Hiroyuki Trading Company was funded by Matsuura Corporation and completed in 1920. Despite being constructed by a Japanese association, the building harmonized with the Zhongyang Street's architectural aesthetic by adopting European classical forms, with the design completed by the Russian architect A. A. Miyaskovsky.

The five-story building adheres to the grand concept of Eclecticism but incorporates an abundance of Baroque design elements. Its elaborate Baroque features, notably the windows and columns, crown the Matsuura Hiroyuki Trading Company as the epitome of Baroque architecture on the Zhongyang Street. Another significant feature of the Matsuura Hiroyuki Trading Company is the two male and female statues above the main entrance, which, along with the wall decorations, enhance the artistic charm of this Baroque building.

老照片中的松浦洋行旧址

松浦洋行另一个重要的特色就是在主入口上方设置了两座男女雕像，雕像延续了立面上的柱式关系，也进一步加强了这栋巴洛克建筑的艺术魅力。在建筑内部，一二层之间保留下来的转折楼梯也非常的精美，展现了转角建筑的空间魅力。值得一提的是，在室内的一座楼梯间内还保留了百年前的老式电梯，这是中国最早的老式电梯之一，非常具有欣赏价值。

百年前的老电梯（摄影 韦树祥）

室内转折楼梯间（摄影 韦树柽）

松浦洋行

松浦西藥

1918

120

松浦洋行始于1918

（摄影 韦树祥）

　　松浦洋行建成后成为哈尔滨的重要百货商店之一。新中国成立后，这栋建筑一度作为教育书店和旅游服务中心等功能使用，现阶段建筑底部主要是餐饮店面。这栋建筑虽然暂时没有被列入国家级文物建筑，但也是中央大街两栋重要的市级文物建筑之一（另一栋是人民防洪胜利纪念塔）。挺拔的百年洋行静静地矗立在中央大街中心点，过客在欣赏它的同时，它也在默默俯视这里百年的风云变幻。

3 他乡即吾乡——犹太人活动旧址群的 7 栋建筑

在哈尔滨建城之初，一部分犹太人来到哈尔滨定居，主要居住在中央大街的西侧街区。在俄国十月革命之后，更多的犹太人为了躲避社会动荡和反犹浪潮的迫害而到达哈尔滨，使得这座城市成为犹太人的庇护所，城市中的犹太人最多时达到了 2 万人。犹太人在哈尔滨设厂和经商，带动了哈尔滨早期的经济发展，也为这座城市留下了众多的文物建筑和历史建筑。作为全国重点文物保护单位的哈尔滨犹太人活动旧址群共包括 14 栋建筑，这些建筑集中在道里区和南岗区，而中央大街历史街区内就有 7 栋代表建筑。这 7 栋建筑从南往北依次是米尼阿久尔餐厅旧址、犹太国民银行旧址、协和银行旧址、秋林洋行道里分行旧址、远东银行旧址、"戈洛布斯"犹太电影院旧址和犹太医院旧址。

3. A Home Away From Home — The 7 Buildings of the Jewish Historical Site Complex

At the inception of Harbin, a portion of the Jewish community settled in Harbin, primarily residing in the western side blocks of the Zhongyang Street. After the Russian October Revolution, more Jews arrived in Harbin to escape persecution, making the city a sanctuary for Jews. The Jewish community's factories and businesses spurred Harbin's early economic development, leaving behind numerous historical buildings. As a nationally protected cultural heritage site, the Harbin Jewish Historical Site Complex includes 14 buildings, with 7 representative buildings within the Zhongyang Street historical district.

老照片中的中央大街犹太人活动旧址群

（摄影 韦树祥）

米尼阿久尔餐厅旧址（犹太人活动旧址群）

中央大街 52—58 号的米尼阿久尔餐厅是中央大街南部的第一座犹太人活动旧址群建筑。建筑建于 1920 年代，是一栋新艺术运动风格的砖木结构建筑。在 1926 年，建筑主要为米尼阿久尔餐厅使用，米尼阿久尔餐厅由犹太人卡茨开办，后来改为维多利亚西餐厅并运营了一段时间。这栋建筑的屋顶装饰与马迭尔宾馆相似，具有鲜明的哈尔滨新艺术建筑风格，同时在中央大街也展现了更加简约现代的语言特征。建筑由于前些年维护不当，在 2000 年后进行了较大的维修改造，外立面基本保持原貌，现在成为中央大街和西十二道街交叉口的重要建筑景观。

The Former Site of the Miniajur Teahouse

At No. 52–58 Zhongyang Street, the Miniajur Teahouse emerges as the inaugural Jewish heritage building in the street's southern stretch. Dating back to the 1920s, this Art Nouveau style brick-and-wood structure was primarily used by the the Miniajur Teahouse, founded by the Jew Katz in 1926. Similar to the Modern Hotel, the building's rooftop decorations exhibit a distinct Art Nouveau style of Harbin, presenting a more simplified and modern characteristic on the Zhongyang Street.

（摄影 唐家骏）

（摄影 韦枚祥）

（摄影 韦树祥）

犹太国民银行旧址（犹太人活动旧址群）

　　犹太国民银行旧址位于中央大街57—59号，是一栋具有文艺复兴样式的折衷主义建筑。这栋建筑建于1920年代，是两层高的砖木结构建筑，1923年犹太国民银行在此开业。犹太国民银行由当时哈尔滨的犹太人集资创办，是哈尔滨存在时间较长的一家外侨银行。整体建筑比例协调、层次丰富，立面重点强调建筑的水平向线条，在屋檐处做重点装饰处理，同时在建筑转角的屋顶设置小穹顶。在2004年西十二道街北侧地块拆迁过程中，这栋建筑被幸运地保留下来，但同时也被进行了维修改造。

（摄影 韦树祥）

The Former Site of the Jewish National Bank

Located at No. 57–59 Zhongyang Street, the former site of the Jewish National Bank is an Eclectic building with Renaissance styling. Built in the 1920s as a two-story brick-and-wood structure, the Jewish National Bank commenced operations here in 1923. Initially founded by Harbin's Jewish community, it was one of the longest-operating foreign banks in Harbin. The building's harmonious proportions and rich layers emphasize horizontal lines on the facade, with focused decorative treatments at the eaves.

（摄影 韦树祥）

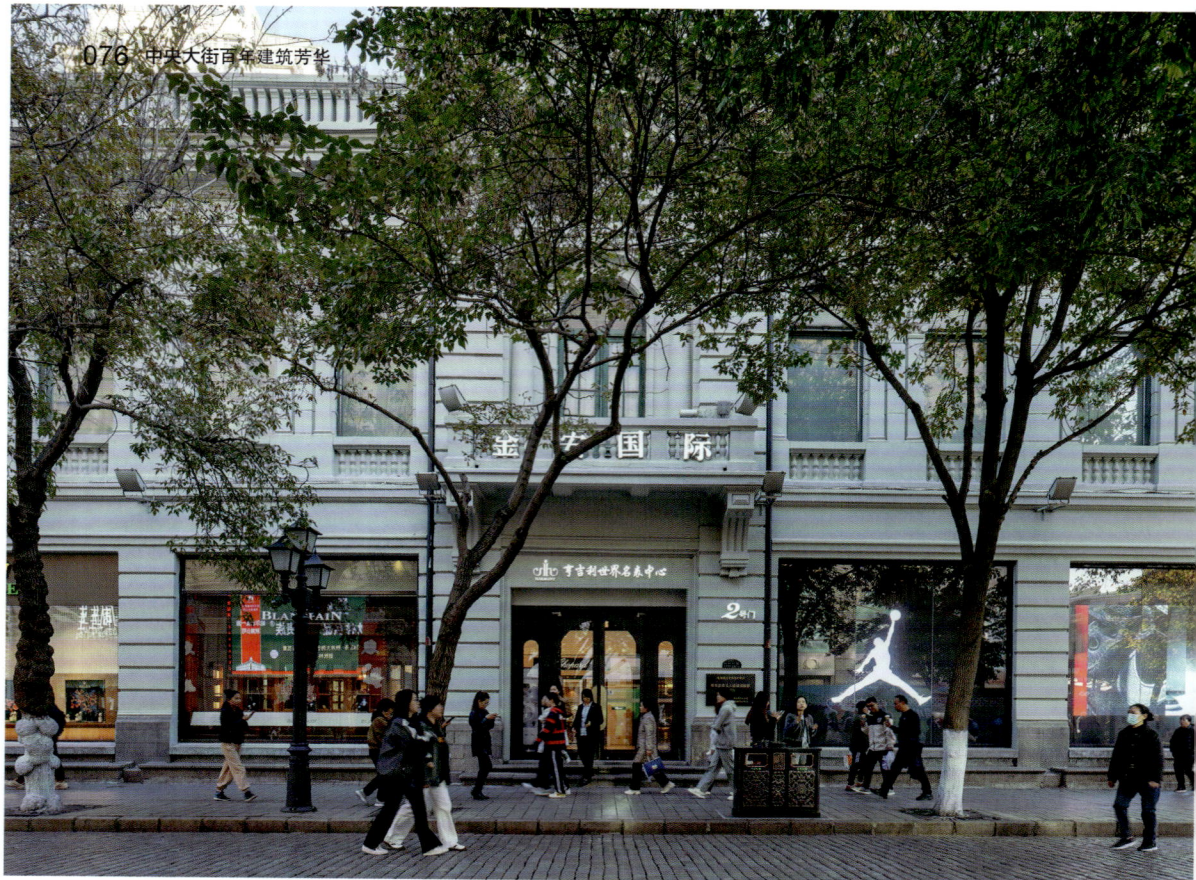

（摄影 韦树祥）

协和银行旧址（犹太人活动旧址群）

　　协和银行旧址位于中央大街73号，这是一栋在主街上非常著名的建筑，它还有老哈尔滨人熟悉的称呼——奥昆大楼。这栋建筑由犹太人 A.Л.奥昆出资修建，建于1917年，这也是一座带有文艺复兴样式的折衷主义建筑。奥昆建设大楼主要为了投资，多年间出租给了多个用户，1920年代由俄国人开办的协和银行也在这栋建筑之中。奥昆大楼为两层的砖木结构建筑，整体建筑突出横向墙身线条和屋顶两侧的低矮穹顶，在中央大街上显得稳重大气。这栋建筑在2004年被改造，现在成为金安国际购物广场的一部分，也是中央大街南部区域的重要建筑代表，具有比较高的欣赏价值。

（摄影 韦树祥）

（摄影 唐家骏）

The Former Site of the Union Bank

The former site of the Union Bank at No. 73 Zhongyang Street is a notably famous building on the main street. Funded by the Jew A. L. Aokun and built in 1917, it is an Eclectic building with Renaissance styling. The Aokun Building was primarily constructed for investment purposes, with the Russian-founded Union Bank operating within this building in the 1920s. The two-story brick-and-wood structure of the Aokun Building accentuates horizontal wall lines and low domes on both sides of the roof, presenting a dignified and atmospheric appearance on the Zhongyang Street.

（摄影 唐家骏）

秋林洋行道里分行旧址（犹太人活动旧址群）

　　秋林洋行道里分行旧址位于松浦洋行旧址的街对面。这栋建筑位于中央大街107号，是建于1900年代的三层砖木结构建筑，当时是萨姆索诺维奇兄弟商会。从众多历史老照片都能看到，这栋建筑早于建于1913年的马迭尔宾馆，后来这栋建筑进行过立面改造。秋林公司是俄国人创建的著名商业品牌，在哈尔滨曾经有南岗和道里的两家商行。道里秋林公司在1910年建设在中央大街北端的西头道街街口，在1916年搬迁至萨姆索诺维奇兄弟商会所在的这栋建筑。这栋建筑是新艺术运动风格，除了屋顶和檐口下的常用新艺术装饰，中央大街一侧建筑立面的椭圆窗也是其鲜明标志。道里秋林公司在20世纪末停业，现如今只剩下老建筑在中央大街延续历史。

（摄影 韦树祥）

（摄影 韦树祥）

The Former Site of the Daoli Branch of the Churin Trading Company

Opposite the Matsuura Hiroyuki Trading Company is the former site of the Daoli Branch of the Churin Trading Company, located at No. 107 Zhongyang Street. This three-story brick-and-wood structure was completed in the 1900s for the Samsonovky Brother Chamber of Commerce. The Churin Trading Company, a famous commercial brand founded by Russians, relocated to this building in 1916. This building, styled in the Art Nouveau movement, features common Art Nouveau decorations below the roof and eaves, with oval windows on the Zhongyang Street facade as its distinct markers.

（摄影 韦树祥）

远东银行旧址（犹太人活动旧址群）

　　远东银行旧址位于中央大街 109—115 号，是一栋具有古典主义柱式的折衷主义建筑。这栋建筑在 1922 年建成，最初被叫作"拉比诺维奇大楼"，在 1926 年为苏联远东银行使用，银行在伪满洲国时期被迫关闭。这栋建筑在老照片中有着较高的出镜率，是三层高的砖木结构建筑，立面二三层的爱奥尼柱式成为其鲜明的特色。现阶段的建筑外立面被进行了一些改造，显得没有老照片中那样伟岸。现如今，建筑一层设有中央大街邮局和秋林·格瓦斯百年文化馆，这些品牌空间现在都是主街的网红打卡点，非常适合入内参观。

The Former Site of the Far East Bank

　　The former site of the Far East Bank at No. 109–115 Zhongyang Street is an Eclectic building with classical columns. Completed in 1922 and becoming the Soviet Far East Bank in 1926, it was forced to close during the Manchukuo period. This building, which frequently appears in old photographs, is a three-story brick-and-wood structure, with its Ionic columns on the second and third floors as its distinctive feature. The current facade has undergone some modifications, appearing less imposing than in old photographs.

（摄影 韦树祥）

"戈洛布斯"犹太电影院旧址（犹太人活动旧址群）

　　"戈洛布斯"犹太电影院旧址紧邻远东银行旧址，是一座带有文艺复兴样式的折衷主义建筑。电影院旧址位于中央大街 117—121 号，是建成于 1930 年前后的砖木结构建筑。建筑建成之初的一部分是电影院场所，但后期进行了功能转变，使得这个电影院名称并不太被哈尔滨人熟知。这栋建筑位于中央大街和西五道街街角，因此建筑平面迎合十字路口做了 45 度的转折处理，这也与西五道街北侧的联谊饭店旧址形成了形体呼应。值得一提的是，这栋建筑的整体造型优美、细节装饰细腻，特别是屋顶檐口区域带有洛可可语言的装饰元素，形成了多元风格的折衷建筑。

The Former Site of the "Golobus" Jewish Cinema

　　Adjacent to the Far East Bank, the former site of the "Golobus" Jewish Cinema is a splendid Eclectic building with Renaissance styling. Located at No. 117–121 Zhongyang Street, this brick-and-wood structure was built around 1930. Initially, part of the building served as a cinema, but its function changed over time. Notably, the building's overall graceful form and delicate decorative details, especially the Rococo elements below the roof eaves, create a diverse style of Eclectic architecture.

（摄影 韦树祥）

犹太医院旧址（犹太人活动旧址群）

　　与前面 6 栋旧址群建筑不同，犹太医院旧址并没有位于中央大街主街上，而是紧邻"戈洛布斯"犹太电影院旧址，坐落于西五道街 36 号，设立目的是为当时的犹太社区提供医疗救济服务。医院在 1933 年动工，期间不断地扩建，最终在 1939 年全部落成，形成了三层的砖木结构建筑格局，是中央大街建成较晚的老建筑。这栋建筑立面并没有采用中央大街惯用的欧洲古典建筑语言，而是展现了混有"摩尔风格"的犹太建筑特征，立面的尖券造型和门头装饰是其鲜明的标识。在经纬街和通江街交叉口，有两栋犹太建筑与犹太医院风格相似，就是犹太新会堂旧址与犹太免费食堂和犹太养老院旧址，这些鲜明的犹太风格建筑丰富了历史文化街区的建筑艺术类型。

The Former Site of the Jewish Hospital

Unlike the previous six sites, the Jewish Hospital's former site is not located on the main street of the Zhongyang Street but at No. 36 West Fifth Street, established to provide medical relief services to the Jewish community. Construction began in 1933, with continuous expansions until its completion in 1939, resulting in a three-story brick-and-wood structure. The facade does not adopt the European classical architectural language typical of the Zhongyang Street, but reflects "Moorish style" Jewish architectural characteristics, with its pointed arches and door decorations as distinct identifiers.

（摄影 韦树祥）

4 闪耀的新声——人民防洪胜利纪念塔

在中央大街主街最北端的江畔处，有一组最年轻的市级文物建筑，这就是在哈尔滨非常重要和闻名遐迩的人民防洪胜利纪念塔（以下简称防洪纪念塔）。防洪纪念塔是中央大街的重要城市空间节点，也形成了中央大街与松花江之间的完美有机融合。防洪纪念塔始建于1958年，1960年落成，是为了纪念哈尔滨市人民战胜1957年特大洪水而建。防洪纪念塔由苏联籍建筑师米·安·巴吉赤进行的方案创作，中国项目负责人为李光耀。众多建筑师和雕塑家参与到设计研讨工作，在不断修改完善中确定了现在的实施方案。建成后的防洪纪念塔成为松花江畔的最重要地标，也是哈尔滨新中国成立后最重要的文物保护建筑。

防洪纪念塔是一组由主塔和回廊共同组成的群体构筑物。这组构筑物坐落于江畔广场之上，其布局也很有自身特点。由于中央大街主街与松花江堤岸并不垂直而有一定夹角，经过多方案比选，最终确定了防洪纪念塔正对中央大街的布局。同时，设计通过塔后的半圆形回廊进行过渡，既对防洪纪念塔形成了围合作用来烘托整个广场的氛围，也削弱了街道和江面的倾角问题，让游客在回廊柱子之间很自然地走到了江边堤岸。防洪纪念塔的主体高度为22.5米，形成了塔顶、塔身和基座的传统三段式布局。塔顶部分是工人、农民、战士和知识分子形象的4人雕像，飘扬的旗帜和团结的身躯展现了抗洪抢险的大无畏精神。塔身部分采取了圆形平面，在占据总高度一半的塔身又采取了进一步的三段式处理，塔身底部的抗洪浮雕也是纪念塔的另一个重要元素。整个纪念塔的基座转化为方形平面布局，形成形体变化的同时也加强了防洪纪念塔的厚重感。纪念塔后部的回廊由20根科林斯柱子组成，与防洪纪念塔相互融合呼应，同时两者之间也形成了横竖穿插的组群构图关系。

4. A New Resonance — Harbin Flood Control Memorial Tower

At the northern terminus of the Zhongyang Street's main street, by the banks of the river, stands the widely acclaimed the Harbin Flood Control Memorial Tower. Constructed in 1958 and completed in 1960, it commemorates the victory of the people of Harbin over the catastrophic flood of 1957. The Harbin Flood Control Memorial Tower was designed by the Soviet architect Mikhail Andreevich Bajitsh, with Li Guangyao as the Chinese project leader. Upon completion, the monument became the most important landmark along the Songhua River and the Harbin's most significant cultural preservation building after the founding of the People's Republic of China.

The Harbin Flood Control Memorial Tower consists of a main tower and a surrounding colonnade, forming a group of structures. The main body of the Memorial Tower stands at a height of 22.5 meters, featuring a traditional tripartite layout of the tower top, the tower body, and the base. The top of the tower is adorned with a four-person statue of a worker, a peasant, a soldier, and an intellectual, with fluttering flags and united bodies showcasing the fearless spirit of flood control and rescue. The colonnade at the back of the Memorial Tower, composed of 20 Corinthian columns, harmonizes with the monument, creating a dynamic composition of vertical and horizontal elements.

老照片中的防洪纪念塔

（摄影 韦树祥）

（摄影 唐家骏）

　　防洪纪念塔由时任哈尔滨市市长吕其恩组织建设，吕市长在任期间也建设了友谊宫和青年宫等哈尔滨的重要代表建筑，为哈尔滨新中国成立初期的现代建筑发展作出了贡献。现在的防洪纪念塔是中央大街主街的北部终点，也是松花江景观廊道的重要节点，更是哈尔滨城市的重要名片。无论是冬与夏，防洪纪念塔的广场都是人潮如织，特别是在夜晚灯光的映衬下，这里更加风光旖旎、灯火闪耀。

（摄影 唐家骏）

（摄影 唐家骏）

（摄影 韦树祥）

（摄影 唐家骏）

（二）代表性文物建筑和历史建筑

Representative Cultural Heritage and Historical Buildings

1 哈尔滨一等邮局旧址

在中央大街主街最南端的入口处，有一栋鲜明的三层黄墙红顶建筑。这栋位于中央大街 2 号的建筑成为主街南大门的形象，这就是建于 1910 年前后的哈尔滨一等邮局旧址。这栋建筑是中央大街的早期建筑之一，建成之初是二层的砖木建筑，是带有新艺术符号的折衷主义风格。建筑由俄国商人格列伊泽尔投资建设，因此也常被称为"格列伊泽尔大楼"，哈尔滨一等邮局在 1914 年曾租用此处作为营业部。这栋建筑也有过多个租户，比较有名的有 1930 年代入驻的瓦特涅拉药铺。

（摄影 唐家骏）

（摄影 韦树祥）

　　这栋建筑的平面布局很有特点，由于中央大街和经纬街并不垂直而形成锐角，建筑平面在路口处采用传统的转角处理，但同时这栋建筑在经纬街一侧进行了两次转折过渡。这个处理契合了中央大街的入口形象，也柔和过渡到经纬街一侧的建筑界面。建筑顶部的新艺术装饰细腻柔美，转角的红色穹顶已经成为中央大街入口处的标志。这栋建筑在 1990 年代被改建为三层，一些老的结构体系和建筑构件被拆毁，不得不说是一个遗憾。三层的建筑基本维持了最初的形式语言和立面细节，现在是中央大街南部的精美折衷主义建筑代表。

1. The Former Site of the First-Class Post Office in Harbin

　　At the zenith of the Zhongyang Street's southern ingress stands a striking three-story building with yellow walls and a red roof, the former site of the First-class Post Office in Harbin, built around 1910. Initially realized as a two-story brick-and-wood structure, the building was conceived in an Eclectic style with Art Nouveau elements. Funded by the Russian businessman Greisler, the "First-class Post Office in Harbin" rented this location as its business department in 1914. The Art Nouveau decorations atop the building are delicate and graceful, with the red domes at the corners becoming a landmark at the entrance of the Zhongyang Street.

（摄影 韦树祥）

2 哈尔滨万国储蓄会旧址

　　哈尔滨万国储蓄会旧址位于中央大街 1 号，与哈尔滨一等邮局旧址隔街而立，共同形成中央大街的入口标志物。这栋建筑于 1925 年开建，在 1926 年建成，当时是一座二层高的古典主义风格建筑，在 1940 年代初扩建为三层，形成现在的外观和格局。万国储蓄会是法国人创办的机构，曾经在 20 世纪上半叶活跃于中国，1917 年开始在哈尔滨设立分会，在 1926 年入驻了这栋大楼。这栋建筑位于中央大街街口，但由于经纬街的走向不垂直于中央大街，建筑用地几乎被夹成一个三角地的状态。为了突出建筑主入口与中央大街的关系，设计巧妙地将入口设置在了短边一处而面对中央大街。同时，为了避免经纬街路口的生硬转角，设计形成了内凹的平面转折关系，这也加强了建筑体量的有趣变化。这栋建筑在加建至三层后，天际线并没有重点处理而略显平直。现阶段，主入口的爱奥尼柱式成为建筑的最主要视觉语言，灰色墙体和墙身的仿石材拉缝进一步突出了建筑的古典主义气息，使得这栋建筑成为中央大街古典主义风格的代表作。

（摄影 韦树祥）

2. The Former Site of the Harbin Savings Association of Nations

Standing across the street from the former site of the First-class Post Office in Harbin, the former site of the Harbin Savings Association of Nations co-creates a landmark gateway to the Zhongyang Street. Initiated in 1925 and culminating in 1926, it originally stood as a two-story Classical-style structure, which was expanded to three stories in the early 1940s to form its current appearance and layout. The Harbin Savings Association of Nations, founded by a Frenchman, moved into this building in 1926. Today, this building stands as a representative of Classical-style architecture on the Zhongyang Street.

1932 年洪水中的万国储蓄会旧址（当时为二层建筑）

（摄影 韦树祥）

〔摄影 韦树祥〕

3 哈尔滨特别市公署旧址

　　从经纬街一侧进入中央大街，途经一等邮局旧址和万国储蓄旧址后就会到达中央大街与西十四道街交叉口的节点，在这个节点也有两栋代表建筑，而最先映入眼帘的就是蓝色外墙的哈尔滨特别市公署旧址。这栋位于中央大街 32—34 号的建筑建于 1922 年，是四层砖木结构的折衷主义建筑，新中国成立前曾经作为哈尔滨特别市公署使用过一段时间。这栋建筑是中央大街南部区域现存最高的历史老建筑，整体立面三段式的比例和谐，壁柱和装饰构件细腻。不过，建筑的屋顶在近些年进行过改造，增加了穹顶等内容，与原始老照片有着一定的差异。现阶段，这栋建筑的功能以宾馆为主，而外立面被刷成比较鲜艳的蓝色。蓝色的建筑立面与原始建筑有着较大差异，在周边的环境中比较突出，也增加了一些梦幻的色彩。

（摄影 韦树祥）

3. The Former Site of the Harbin Special Municipal Office

Situated at No. 32–34 Zhongyang Street, this building, constructed in 1922, is a four-story brick-and-wood Eclectic structure. Prior to the founding of the People's Republic of China, it briefly functioned as the Harbin Special Municipal Office. The building's facade features a harmonious three-part proportion, with delicate pilasters and decorative components. Presently serving primarily as a hotel, its facade has been revitalized with a vivid shade of blue, making it a standout feature in its milieu and adding a dreamlike quality to its surroundings.

老照片中的哈尔滨特别市公署旧址

（摄影 唐家骏）

（摄影 韦树祥）

4 阿格洛夫洋行旧址

在哈尔滨特别市公署旧址的街对角，是位于西十四道街街口的阿格洛夫洋行旧址，这栋建成于 1923 年的建筑位于中央大街 21 号，是由哈尔滨著名俄籍建筑师尤·彼·日丹诺夫设计的。日丹诺夫在哈尔滨侨居多年，完成了圣母守护教堂、鞑靼清真寺等作品，而这栋建筑是他在中央大街区域的代表作。这栋建筑在建成之初是三层的砖木结构，而后在 1950 年代又加建了一层，形成了现在的四层外貌。建筑虽然也是以折衷主义风格为主，但是鲜明的爱奥尼壁柱让建筑更加具有古典主义气息，在中央大街的折衷主义建筑中也非常具有自身特色。总体来说，这栋建筑的立面处理结合了折衷主义的柔美和古典主义的浑厚，是哈尔滨不可多得的精品老建筑。

（摄影 韦树祥）

建筑内的阿格洛夫俄式西餐厅（摄影 韦树祥）

4. The Former Site of the Aglov Trading Company

Constructed in 1923 and located at No. 21 Zhongyang Street, this building was designed by the renowned Russian architect in Harbin, Yuri Petrovich Zhdanov. Originally a three-story brick-and-wood structure, an additional floor was added in the 1950s, resulting in its current four-story appearance. The facade's treatment, a confluence of Eclecticism's grace and Classicism's robustness, renders it a rare architectural jewel in Harbin's urban tapestry.

（摄影　韦树祥）

5　奥谢金斯基大楼旧址与端街博物馆

　　经过红星街与西十四道街往北，中央大街和端街的交汇处也有一栋具有悠久历史的建筑，这就是位于中央大街 42—46 号、建成于 1919 年的奥谢金斯基大楼旧址。这栋建筑由俄国人奥谢金斯基所建，是一座带有新艺术运动风格的二层砖木结构建筑。建筑整体造型比较典雅，在屋顶女儿墙和墙身都设置了大量新艺术运动装饰符号。这栋建筑在新中国成立前先后入驻了多家商铺。现如今，在这栋建筑的端街一侧设有一座端街博物馆，这座哈尔滨首家街道历史博物馆由民间有识之士运营设立，免费开放，介绍端街的历史文化。博物馆虽然不大，但对历史文化爱好者来说具有一定的参观游览价值。

（摄影 韦树祥）

5. The Former Site of the Oserinsky Building and Duan Street Museum

Where the Zhongyang Street intersects with the Duan Street, a historically significant structure stands—the former site of the Oserinsky Building, located at No. 42–46 Zhongyang Street, constructed in 1919. Built by the Russian Oserinsky, it is a two-story brick-and-wood structure featuring the Art Nouveau style. Currently, the Duan Street Museum, freely accessible to the public and dedicated to elucidating the history and culture of the Duan Street, is situated on the side of this building facing the Duan Street.

老照片中的奥谢金斯基大楼旧址（楼顶曾有一座丰收女神雕像）

建筑二层内的老俄侨餐厅（摄影 韦树祥）

（摄影 韦树梓）

6　中央大街 50 号与肖克庭院

　　在端街和霞曼街之间，中央大街 50 号是一栋二层高的折衷主义建筑，这栋建筑始建于 1910 年代，立面在 1930 年代被改造成现状，中华懋业银行和金城银行曾在此办公。这栋建筑临近国家级文物建筑米尼阿久尔餐厅旧址，其本身的艺术价值在中央大街众多建筑中并不起眼，而这里声名鹊起是因为其内院被改造成为一座叫作"梅金·肖克"的庭院。据说俄国人科姆特拉·肖克是修建中央大街面包石路面的总工程师。2024 年，在中央大街面包石路面铺设百年之际，这座院落被重新整修和包装推出。新建的庭院并不是传统意义的复原，而是增加了更多的当代时尚氛围。艳丽的色彩和丰富的元素，让肖克庭院迅速成为中央大街旅游的新晋打卡场所。

（摄影 韦树祥）

6. No. 50 Zhongyang Street and Shock Courtyard

Constructed in the 1910s, No. 50 Zhongyang Street houses a two-story Eclectic building, which once served as the China Maoye Bank and the Jincheng Bank. It is said that the Russian engineer Komtra Shock led the paving of the Zhongyang Street with bread stone, and this courtyard has now been transformed into a themed commercial space named after him. In 2024, commemorating a century since the laying of the bread stome pavement, the courtyard underwent restoration and rebranding, swiftly becoming a pivotal attraction for visitors to the Zhongyang Street.

（摄影 韦树祥）

老照片中的中央大街50号建筑

（摄影 韦树祥）

7 永安文化用品商店旧址

　　在西十三道街与尚志大街的交叉口北侧，有一栋中央大街历史文化街区内规模最小的不可移动文物，这就是位于尚志大街 128—130 号的永安文化用品商店旧址。这栋小建筑是只有一层高的木结构建筑，但却是历史文化街区内少见的典型俄罗斯风格木构小建筑。这栋建筑建成于 1920 年代，最初为俄国人契斯恰科夫的茶庄，在 1947 年之后成为永安文化用品商店。虽然这栋建筑现在已经不再是永安商店，但这个持续多年的美术用品品牌承载了很多哈尔滨人的记忆。这栋建筑外墙面的木装饰细腻繁琐，展现了哈尔滨建城早期俄罗斯木构建筑的工艺。永安文化用品商店建筑犹如穿越时空的访客，静静矗立在高楼林立的尚志大街之中。

（摄影 韦树祥）

7. The Former Site of the Yong'an Cultural and Educational Supplies Store

Situated at No. 128–130 Shangzhi Street, the former Yong'an Cultural and Educational Supplies Store is a singular-story wooden structure, a rare example of typical Russian-style wooden architecture within the historical and cultural district. Constructed in the 1920s, it was initially a tea house owned by the Russian Cheshtakov, and after 1947, it transitioned to the Yong'an Cultural and Educational Supplies Store. The building's wooden exterior decorations, both intricate and complex, showcase the finesse of Russian wooden architectural craftsmanship from Harbin's formative years.

1932 年洪水中的永安文化用品商店旧址（当时为东顺昌商店）

（摄影 韦树祥）

（摄影 韦树祥）

8　金安国际老建筑群

　　在中央大街69号，有一座跨越3条辅街的现代商业中心，这就是位于中央大街核心位置的金安国际购物广场。购物广场在2004年开始建设，由于当年建筑保护制度的不健全，许多老建筑都在商场修建过程中被拆除，这成为城市发展中的很大遗憾。值得庆幸的是，购物广场的设计保留了门前的奥昆大楼（协和银行旧址）。同时，也在室内外复原了部分老建筑墙体，给市民留下了一些街区历史记忆。购物广场中的室外墙体遗存位于西九道街，室内墙体遗存位于建筑的中心玻璃天街，这些片段遗存已经被列为历史建筑。建筑遗存与全新商场相互融合，形成了新老对比的视觉冲击效果。历史建筑的融入为商场带来了流量，也展现了城市建筑演变过程中的魔幻色彩。

8. The Jin'an International Old Building Complex

　　At No. 69 Zhongyang Street, a modern commercial hub spans three side streets — the Jin'an International Shopping Plaza, positioned at the core of the Zhongyang Street. During its construction starting in 2004, many historical buildings were demolished. Fortunately, the design of the shopping plaza preserved the facade of the former Union Bank. Additionally, parts of the historical building walls were restored, both internally and externally, preserving a fragment of the district's historical memory for the community.

（摄影 韦树祥）

（摄影 韦树祥）

9 欧罗巴旅馆旧址

在尚志大街与西十道街交叉口，有一栋非常具有人文价值的建筑，这就是近代著名女作家萧红曾经短期居住过的欧罗巴旅馆。萧红出生于哈尔滨呼兰区，是中国近现代著名的"文学洛神"。欧罗巴旅馆旧址位于尚志大街150号，始建于1920年代，当时是一栋带有阁楼的二层折衷主义建筑。萧红与情侣萧军于1932年10月在这座旅馆居住过一段时间，这为欧罗巴旅馆带来了文化积淀和声誉。不过现存的欧罗巴旅馆旧址在1940年代进行了重新翻建，新建的建筑为五层高的砖混结构，仍然作为欧罗巴旅馆使用，外观现代而带有一定的装饰艺术运动建筑风格。现如今，这栋建筑基本保持了翻建后的原貌，同时也进行了一些扩建。虽然这里已经不是萧红曾经蒙难时期的二层老建筑，但欧罗巴酒店现在全新运营，萧红走过的记忆仍然在这里继续荡漾。

（摄影 唐家骏）

现欧罗巴酒店客房（摄影 韦树祥）

现欧罗巴酒店萧红雕像（摄影 韦树祥）

9. The Former Site of the Europa Hotel

At the intersection of the Shangzhi Street and the West 10th Street stands a building of significant cultural value, the Europa Hotel, where the famous modern female writer Xiao Hong once lived briefly. The Europa Hotel, located at No. 150 Shangzhi Street, was originally constructed in the 1920s as a two-story Eclectic building with attic floors. However, the existing Europa Hotel was rebuilt in the 1940s into a five-story brick-concrete structure, still serving as the Europa Hotel, with a modern appearance featuring some Art Deco architectural style.

（摄影 韦树祥）

10 伏尔加·贝尔加银行旧址

　　伏尔加·贝尔加银行旧址位于中央大街 104 号，建筑与马迭尔宾馆对角相望，在中央大街中部区域非常引人注目。这栋建筑建于 1900 年代，是砖木结构的二层转角小楼。从 1920 年代开始，建筑先后被远东借贷银行、边特兄弟洋行和俄国伏尔加·贝尔加银行使用。由于建筑建成较早，许多老照片都有它的身影，从老照片能看到这栋建筑曾经是典型的新艺术立面样式，与当时的马迭尔宾馆风格协调一致。新中国成立后，这栋建筑经历了多次改建，现在的建筑立面增加了古典的科林斯壁柱和屋顶雕塑，使得原有的新艺术立面发生了很大的改变。建筑檐口和女儿墙仍保留了原有的新艺术装饰语言，能依稀看到曾经的建筑风采。

（摄影 韦树祥）

10. The Former Site of the Volga Baikal Bank

The former site of the Volga Baikal Bank, a two-story corner building with a brick-wood structure, is located at No. 104 Zhongyang Street and was built in the 1900s. Since the 1920s, the building has been used successively by the Far East Loan Bank, the Penter Brothers Trading Company, and the Russian Volga Baikal Bank. Historical photographs show that this building once featured a typical Art Nouveau architectural style, which had been significantly altered after the addition of classical Corinthian pilasters and roof sculptures.

（摄影 韦树祥）

老照片中的伏尔加·贝尔加银行（中间建筑）

（摄影 韦树祥）

11 华梅西餐厅

　　马迭尔宾馆是中央大街最为知名的建筑，也有着自己的冷饮和西餐品牌，而在它的正对面还有一家在全国非常知名的西餐厅，那就是 1958 年正式开业的华梅西餐厅。华梅西餐厅位于中央大街 112 号，原址最初是一栋一层高的折衷主义建筑，在 1925 年开设了当时著名的马尔斯茶食店。这栋建筑在后来被相继改建为二层和三层，虽然被挂牌为历史建筑，但其实很难看到最初的身影。不过，作为中国四大西餐厅之一的华梅品牌的存在，让这栋建筑依然具有历史文化价值。华梅西餐厅是哈尔滨仅存的经营没有中断过的俄餐厅，也被国家认定为中华老字号。吃一顿华梅西餐，尝一根华梅冰棍，会为中央大街之行带来格外的浪漫。

（摄影 韦树祥）

11. Huamei Western-style Restaurant

The Huamei Western-style Restaurant, located at No. 112 Zhongyang Street, initially housed a one-story Eclectic structure, which in 1925 became the site of the renowned Mars Western Restaurant and Tea House. Over time, the building was modified to include two and three stories. Despite its designation as a historical building, its original facade is largely obscured. Nevertheless, the Huamei brand, recognized as one of China's premier Western restaurants, imbues the site with enduring historical and cultural significance. The Huamei Western-style Restaurant stands as Harbin's sole Russian restaurant that has continuously operated and is honored as a Chinese time-honored brand.

华梅西餐厅室内（摄影 韦树祥）

（摄影 韦树祥）

12 犹太私人医院旧址

　　犹太私人医院旧址是一栋非常具有自身特色的辅街建筑，位于红专街43号。这栋三层高的建筑立面被两侧现代住宅夹在其中，在红专街显示出非常独特的艺术气质，因为这栋建筑是中央大街区域少有的装饰艺术运动风格建筑。这栋建筑建于1934年，后被德国犹太医生罗森达里购买下来而成为他的私人医院。建筑沿街立面简约浑厚，具有现代建筑的流线语言。建筑在中部和底部区域进行重点装饰，这些装饰语言有别于哈尔滨常见的新艺术运动符号，而是更加具有中世纪的装饰特征。现代形体与历史符号的结合体现了当时的装饰艺术运动风尚。建筑另外一个重要特点是拥有一个非常幽静和怀旧的庭院，这座红砖饰面环抱的庭院尺度宜人、环境优雅。这栋是中央大街精美建筑的代表之一，同时近期也入驻了一些网红商业，是整个历史文化街区非常值得到访的辅街打卡场所。

12. The Former Site of the Jewish Private Hospital

　　Nestled at No. 43 Hongzhuan Street, the former site of the Jewish Private Hospital stands as a rare exemplar of the Art Deco architectural style within the Zhongyang Street area. Erected in 1934, the building was subsequently acquired by Fritz Gustavovich Rosenzweig, a German Jewish physician, and repurposed into his private medical facility. The facade, facing the street, is characterized by its minimalist robustness, embodying the sleek lines of modern architecture. Moreover, the building is complemented by a serene and nostalgic courtyard, encased in red brick, offering a pleasant scale and elegant environment.

（摄影 唐家骏）

室内走廊（摄影 弓树祥）

建筑内院（摄影 韦树祥）

（摄影 韦树祥）

13 万国洋行旧址

万国洋行旧址位于中央大街主街 126—132 号，建筑对面是众多的全国重点文物保护建筑。虽然这栋建筑的文物级别不是最高的，但是在中央大街老建筑中的知名度应该仅次于马迭尔宾馆和松浦洋行旧址，因为它是中央大街主街中唯一平面内凹布局的建筑。建筑建成于 1922 年，是砖木结构的折衷主义风格建筑。建筑原为中国大街商场，后由于各国商号的增多被称万国洋行。这栋建筑建成之初是一层，而后在 1939 年被增建为二层。万国洋行旧址的内凹院落丰富了中央大街的室外街区空间，也在主街形成了自身独一无二的风貌。建筑两层高的体量比例和谐，内院尽端建筑顶部的方形穹顶形成了视觉焦点，同时，这也是中央大街少有的带有外廊的商业建筑。现在的万国洋行旧址整修一新，成为中央大街必须打卡的经典建筑之一。

（摄影 韦枕祥）

13. The Former Site of the Wan Guo Foreign Firm

The former site of the Wan Guo Foreign Firm is located at a prime position on the Zhongyang Street at No. 126–132. This building is second only in fame to the Modern Hotel and the Matsuura Hiroyuki Trading Company on the Zhongyang Street, as it is the only building with an inwardly curved layout on the main street. Constructed in 1922, it is a brick-and-wood Eclectic style building. Initially serving as the China Street Mall, it was later dubbed the Wan Guo Foreign Firm due to the increase in foreign stores.

老照片中的万国洋行旧址（当时为一层建筑）

（摄影 韦树祥）

（摄影 韦树祥）

14 联谊饭店旧址

　　在中央大街和西五道街的交汇处，有一栋中央大街主街北部区域最高的老建筑，这就是现存四层的联谊饭店旧址。位于中央大街127—129号的联谊饭店旧址，最初被叫作"别尔克维奇大楼"，也称犹太人大楼。建筑始建于1907年，最早是一栋二层高的小楼。在1920年代扩建成现有的四层砖木结构建筑，建筑设计由俄国建筑师A.A.亚斯科夫斯基完成。这栋建筑带有文艺复兴样式的折衷主义风格，建筑立面的三段式比例优美和谐，特别是建筑顶部处理精致细腻，在街道转角形成了良好的天际线景观。在建筑西五道街一侧的地下室，曾有创建于1901年、1920年代搬迁至此的塔道斯西餐厅。该西餐厅品牌现如今全新营业，为中央大街传承百年的餐饮文化。这栋建筑与国家级文物建筑犹太电影院旧址和犹太医院旧址隔街相对，共同形成了中央大街北部区域的重要老建筑节点。

塔道斯西餐厅室内（摄影 韦树祥）

14. The Former Site of the Lianyi Hotel

Located at No. 127–129 Zhongyang Street, the former site of the Lianyi Hotel was initially built in 1907 as a two-story building. It was expanded in the 1920s into the present four-story brick-and-wood structure, with the architectural design completed by the Russian architect A.A. Miyaskovsky. This building, infused with Renaissance influences, is an Eclectic masterpiece, distinguished by its beautifully balanced three-part facade proportions.

（摄影 韦树祥）

1932 年洪水中的联谊饭店旧址

（摄影 唐家骏）

15 红霞街 31-1 号

在中央大街历史文化街区北部的红霞街漫步，当你走进一个挂着红霞街 31 号的居民楼门洞时，你会发现一座别有洞天的院落，而其中有着一栋历史悠久的惊艳老建筑。这栋建筑建成于 1910 年代，是一座砖木结构的二层小楼，也是有着犹太建筑特征的新艺术运动风格老建筑。建筑虽然不大，但是新艺术的装饰符号清晰可见，而建筑的最大亮点是左边阳台和右边入口的两处木门窗装饰。木板装饰做工细腻，同时展现了一些哈尔滨新艺术建筑并不常用的装饰符号，非常具有感染力和代表性。老建筑幸运地在居民区内保存下来，现如今也有网红小店入驻来带动人气。还值得一提的是，红霞街就是萧红笔下的"商市街"，而萧红与萧军在商市街 25 号居住了近两年，这正是红霞街 31 号的隔壁院落。现如今，商市街 25 号的老建筑已经消逝，只剩下红霞街 31 号这栋建筑默默坚守历史情怀。

现建筑一层内的 BlackCan 罐头盒子（摄影 韦树祥）

15. No. 31-1 Hongxia Street

Venturing into the northern sector of the Zhongyang Street historical and cultural district, one encounters a residential building marked No. 31 Hongxia Street, revealing a historically rich and stunning structure. Constructed in the 1910s, this two-story brick-and-wood structure is a New Art Movement style building with Jewish architectural characteristics. The building's wood panel decorations are meticulously crafted, highly impactful, and representative.

（摄影 韦树祥）

16 新世界旅馆旧址

在历史文化街区的北部片区，还有一栋高大的老建筑在历史照片中经常凸显，这就是位于中医街 53 号的新世界旅馆旧址。新世界旅馆建于 1925 年，是一栋带有巴洛克装饰语言的四层高折衷主义建筑。建筑立面体现了"横三竖五"的经典立面布局，在屋顶和挑檐等处做重点装饰处理，与竖向墙体形成良好的虚实对比。建筑现在是哈尔滨市中医医院，继续发挥公共服务功能。与中医街其他老旧破损和隐藏在居民区中的历史建筑相比，新世界旅馆旧址被整修一新，同时仍然被很好地利用，现在被粉刷成浅绿色的建筑而成为中医街鲜明的街区一景。

（摄影 韦树祥）

16. The Former Site of the New World Hotel

In the northern part of the historical and cultural district, a tall old building often stands out in historical photos, the former site of the New World Hotel at No. 53 Zhongyi Street. Erected in 1925, this four-story Eclectic building is adorned with Baroque stylistic elements, encapsulating the essence of Eclecticism. The facade is meticulously organized in a "three horizontal, five vertical" classic division, with the roof and eaves receiving special decorative emphasis.

老照片中的新世界旅馆旧址

（摄影 韦树祥）

17 道里秋林公司旧址

    道里秋林公司旧址位于中央大街187—191号，是处于中央大街主街最北部的百年老建筑。这栋建筑建于1910年，在很多早期的历史照片中都能看到它的身影。道里秋林公司最早在这栋建筑设立，1916年搬迁到萨姆索诺维奇兄弟商会（现中央大街107号），而这栋建筑随后成为秋林洋行的五金日用品商店。与中央大街很多老建筑风格相近，这也是一栋带有文艺复兴样式的二层折衷主义建筑，也同样在上部屋檐区域做优雅的装饰细部处理。由于2000年前后的大兴土木，这栋建筑成了西四道街以北主街上唯一存在的新中国成立前老建筑，在众多当代建筑中颇有些茕茕孑立的感觉。现在建筑二楼仍被江沿小学使用，而一楼为商业用房，其中，西头道街一侧的露西亚西餐厅仍为俄侨后裔所开，时光的沉淀仍在这里延续。

17. The Former Site of the Daoli Churin Trading Company

    Located at No. 187–191 Zhongyang Street, the former site of the Daoli Churin Trading Company was constructed in 1910. The Daoli Churin Trading Company was initially set up in this building and moved to the Samsonovky Brother Chamber of Commerce built in 1916. This two-story building features Renaissance-style Eclecticism, with elegant decorative details in the upper eaves area.

（摄影 韦树祥）

露西亚西餐厅室内（摄影 韦树祥）

四 中央大街的周边遗产

Heritage Surrounding the Zhongyang Street

在中央大街历史文化街区的周边也有着众多的文物建筑和历史建筑遗产。这些遗产是老埠头区遗留下来的文化精髓，与中央大街的游览内容相互呼应和补充，共同成为道里区文化旅游的精品路线。本章从中央大街周边选取了具有较高知名度的 8 处历史文化遗迹，这些遗迹现在都成了哈尔滨市的重要景点，这里有大家耳熟能详的圣索菲亚教堂、兆麟公园、犹太总会堂等。这些周边遗产紧邻中央大街历史文化街区周围的道路，与中央大街各个街区相辅相成，供游客进行城市漫步。

圣索菲亚教堂之夜（摄影 唐家骏）

周边建筑遗产手绘地图

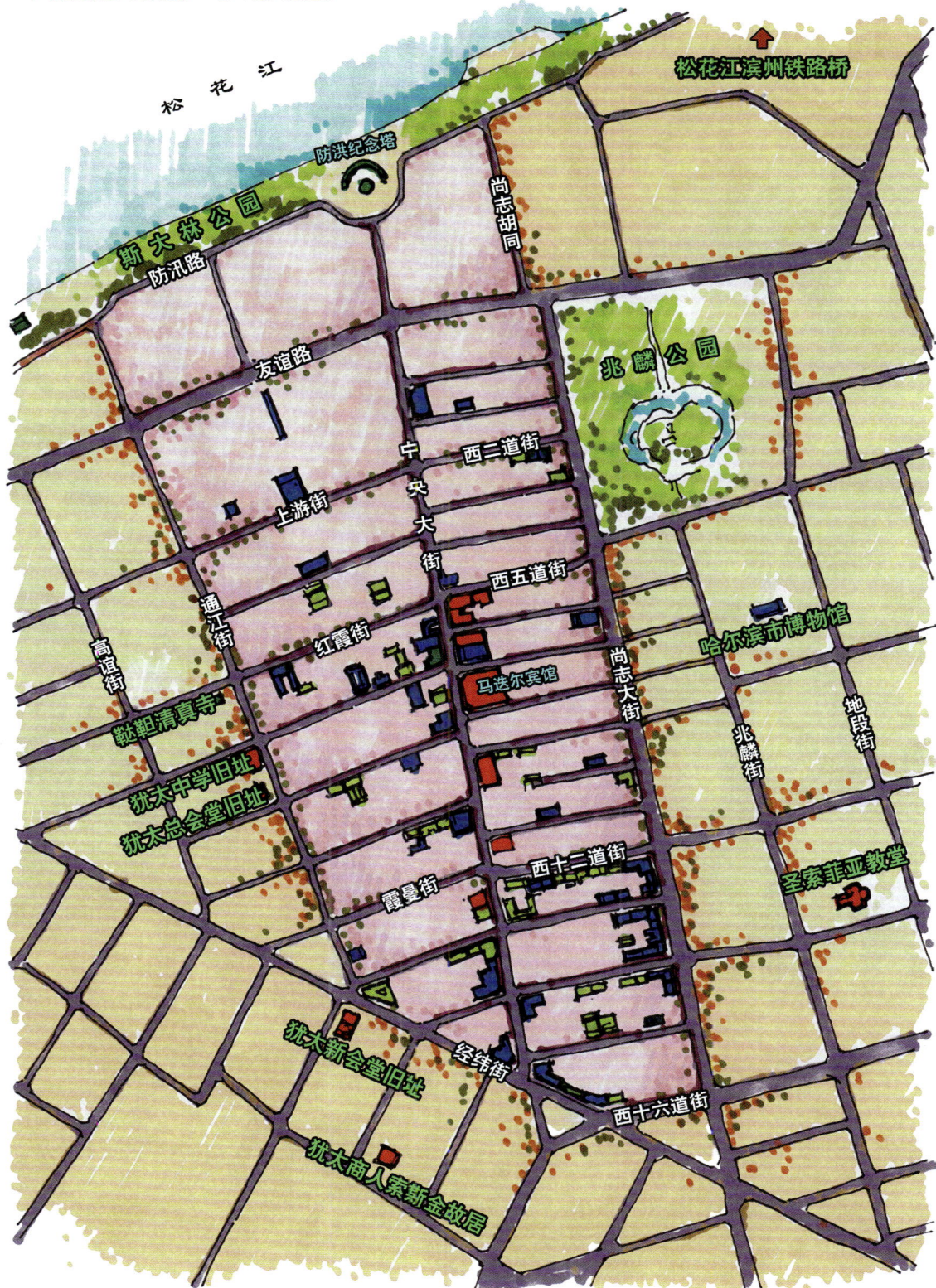

松花江

松花江滨州铁路桥

防洪纪念塔

斯大林公园

防汛路

尚志胡同

友谊路

兆麟公园

上游街

宁安街

西二道街

中央大街

通江街

西五道街

哈尔滨市博物馆

高谊街

红霞街

马迭尔宾馆

尚志大街

鞑靼清真寺

犹太中学旧址

犹太总会堂旧址

兆麟街

地段街

西十二道街

圣索菲亚教堂

霞曼街

犹太新会堂旧址

经纬街

西十六道街

犹太商人索斯金故居

（摄影 唐家琳）

1 圣索菲亚教堂

　　圣索菲亚教堂位于透笼街 88 号，与中央大街历史文化街区仅有一街之隔，是中央大街东部城区中最重要的国家级文物建筑，现在已经成为哈尔滨的城市名片之一。圣索菲亚教堂广场区域曾经在 1907 年建成了第一座小型教堂，令人遗憾的是这座教堂没有保存下来。而现存的教堂建成于 1932 年，是拜占庭风格的大型砖石结构建筑，也是远东地区最为宏伟的老教堂建筑。教堂建筑上部由巨大的洋葱头和帐篷顶组成，最高点 53.25 米，形成了高耸挺拔的建筑特征。建筑外墙为清水红砖饰面，层次丰富、装饰细腻。教堂现在为城市艺术馆，可以买票入内参观。这座近百年的建筑静静矗立在中央大街的东南，无论是日出东方还是华灯初上，圣索菲亚教堂都等候着世界各地游客的慕名来访。

1. Saint Sophia Cathedral

　　Located at No. 88 Toulong Street, the Saint Sophia Cathedral stands as the most prominent national key cultural heritage building in the eastern urban district of the Zhongyang Street, now serving as one of Harbin's iconic symbols. Constructed in 1932, the current cathedral is a large-scale brick-and-stone structure exemplifying Byzantine architecture and ranks as one of the most splendid ancient church buildings in the Far East. Dominated by a massive onion dome and tented roofs, the cathedral soars to a height of 53.25 meters, presenting a striking and lofty architectural profile.

（摄影·唐家骏）

2 哈尔滨市博物馆

在圣索菲亚教堂往北不远，就是位于柳树街 13 号的哈尔滨市博物馆。博物馆新馆在 2020 年才重组开放，由多栋老建筑组成，是包含多个独立展馆的博物馆建筑群，同时形成了中西建筑合璧的院落空间布局。在建筑群的正中心，有一栋二层砖木结构的西式小建筑，它就是现在的"中苏友好协会旧址纪念馆"。这座纪念馆是建于 1919 年的办公建筑，带有新艺术运动语言的折衷主义建筑风格，也是院落中的最大亮点建筑。由于规模庞大、建筑精美、展品丰富以及文创内容多样，博物馆开放后马上成为哈尔滨市的新晋网红打卡场所，也成为中央大街周边最重要的展馆建筑，丰富了中央大街沿线的文旅业态内容。

2. Harbin Municipal Museum

Positioned at No. 13 Liushu Street, Harbin Municipal Museum, which reopened in 2020 following a comprehensive reorganization, comprises several historical buildings that collectively form a museum complex with multiple independent exhibition halls. Central to this ensemble is a two-story brick-and-wood Western-style memorial hall, originally an office building erected in 1919. Characterized by Art Nouveau elements, this Eclectic building stands as the brightest highlight of the courtyard.

兆麟公园内的俄罗斯木屋（摄影 韦树祥）

3 兆麟公园

中央大街历史文化街区的东侧边界道路是尚志大街，而在尚志大街东北部有一座具有百年历史的城市公园，这就是在哈尔滨路人皆知的兆麟公园。兆麟公园始建于 1906 年，是哈尔滨城市中的第一座公园，最初这里叫作"董事会花园"，后来也改名过"特别市公园"和"道里公园"。东北抗联李兆麟将军的墓地设置在这里，因此，在 1946 年这里改名为"兆麟公园"来纪念这位国家英雄。虽然兆麟公园不大，但是众多的文人墨客都在这里留下过身影，使得这里除了小桥流水之外还承载了城市的文化情怀。新中国成立后，这里也一度成为哈尔滨冰灯游园会的举办地，因此而声名大振并在当时引起轰动，游园会自 1963 年举办以来，截至 2024 年，已举办了 51 届。特别的是，公园中遗留下了一些具有百年历史的小建筑和景观桥，增加了这里的历史氛围，可以说这里仍是城市繁华与喧嚣中的一方净土。

3. Zhaolin Park

Zhaolin Park, nestled in the northeastern sector of the Shangzhi Street, was inaugurated in 1906, marking the inception of Harbin's first city park, initially known as "Board of Directors Garden". The park was renamed "Zhaolin Park" in 1946 to honor General Li Zhaolin, a national hero of the Northeast Anti-Japanese United Army, whose tomb was established within its confines. Although compact in size, Zhaolin Park has been a favored haunt for numerous scholars and literati, embedding the park not only with scenic landscapes of quaint bridges and flowing waters but also with profound cultural sentiments of the city.

斯大林公园内的江畔餐厅（摄影 韦树祥）

4 斯大林公园

　　在中央大街最北部是松花江的江畔，江畔有一片绿树成荫和鸟语花香的城市绿带，这就是建于 1953 年的"斯大林公园"。斯大林公园现在是哈尔滨人最熟悉和喜爱的江畔休闲场所，也是举办各种江上活动时市民的聚集地。公园的历史虽然不长，但是百年来这里一直都是哈尔滨市民的城市客厅，在江水对面的太阳岛公园和公园东北部的滨州铁路桥都与公园交相呼应。更加值得一提的是，在公园内还保留了几栋百年前的俄国风格小建筑，这些精美的小建筑既丰富了公园功能，也与公园情景交融、共存共生。当你经过中央大街感受过了哈尔滨的百年繁华，再走到斯大林公园，你会看到这座城市的春江月夜。

4. Stalin Park

　　At the northern extremity of the Zhongyang Street, along the banks of the Songhua River, lies Stalin Park, established in 1953. It has become Harbin residents' the most familiar and beloved riverside leisure spot and a gathering place for various river-related activities. Noteworthy within the park are several century-old structures showcasing Russian architectural styles, which not only enhance the park's utility but also blend seamlessly with the natural and scenic environment.

（摄影 唐家骏）

5　犹太中学旧址

　　前文介绍了中央大街7栋国家级文物的犹太人建筑，在通江街沿线也有3栋犹太人活动旧址群全国重点文物保护建筑，分别是犹太中学、犹太总会堂和犹太新会堂。在20世纪上半叶，来到哈尔滨的犹太人大多住在中央大街的西侧街区，这使得通江街附近的犹太人建筑遗址较多，紧邻红专街早市的犹太中学是其中著名的一栋。犹太中学旧址位于通江街86号，前身是犹太小学，现有建筑是在犹太小学基础上扩建而成的，在1918年落成。建筑由犹太建筑师约·尤·列维金设计，是一栋两层高的砖木结构建筑。这栋建筑是具有摩尔语言的典型犹太风格建筑，尖拱、马蹄形窗口和墙身装饰都展现了摩尔建筑的细节。这栋建筑在前些年进行了重新整修，成为了通江街和红专街上的靓丽一景。

5. The Former Site of Jewish Middle School

　　The former site of Jewish Middle School, located at No. 86 Tongjiang Street, originally served as a Jewish Primary School. The present structure, expanded from the primary school, was completed in 1918. Designed by the Jewish architect Joseph Yurielevich Levkin, it is a two-story brick-and-wood structure. The building is a quintessential example of Jewish architecture with a Moorish style, featuring pointed arches, horseshoe-shaped windows, and wall decorations that display the details of Moorish architecture.

（摄影 唐家骏）

6 犹太总会堂旧址

　　犹太总会堂旧址位于犹太中学旧址南侧的通江街 82 号，两栋建筑现在形成了完整的犹太建筑组群。犹太总会堂又称老会堂，现在被叫作"老会堂音乐厅"。这栋建筑始建于 1909 年，是一栋集中式的三层高砖木建筑，建筑师是 H. A. 卡兹–吉列。这栋建筑在经历了 1931 年的火灾和 1932的水灾之后，在 1932 年维修扩建成为现在的样式。现存犹太总会堂建筑形体简约大方，前部高耸的穹顶和六角圣星成为沿街的鲜明标识。这栋建筑与旁边的犹太中学旧址风格相似，也具有一定的摩尔建筑语言。这栋建筑在多年前一度被改造得面目全非，在 2014 年完成维修而逐步对外开放。当下，犹太总会堂旧址是小型音乐厅，同时还包括咖啡厅和纪念品销售店，是现在哈尔滨宗教建筑转化为市民文化活动场所的代表，也是通江街上最为知名的网红老建筑。

6. The Former Site of Harbin Jewish General Synagogue

Adjacent to the south of the former site of the Jewish Middle School at No. 82 Tongjiang Street, these two buildings now form a cohesive Jewish architectural ensemble. The Harbin Jewish General Synagogue, initially built in 1909 by architect H. A. Kaz-Gile, is a centralized three-story brick-and-wood building. Renovated and expanded to its present form in 1932, the building features Moorish architectural elements, with a prominent front dome and the six-pointed Star of David as distinctive markers along the street.

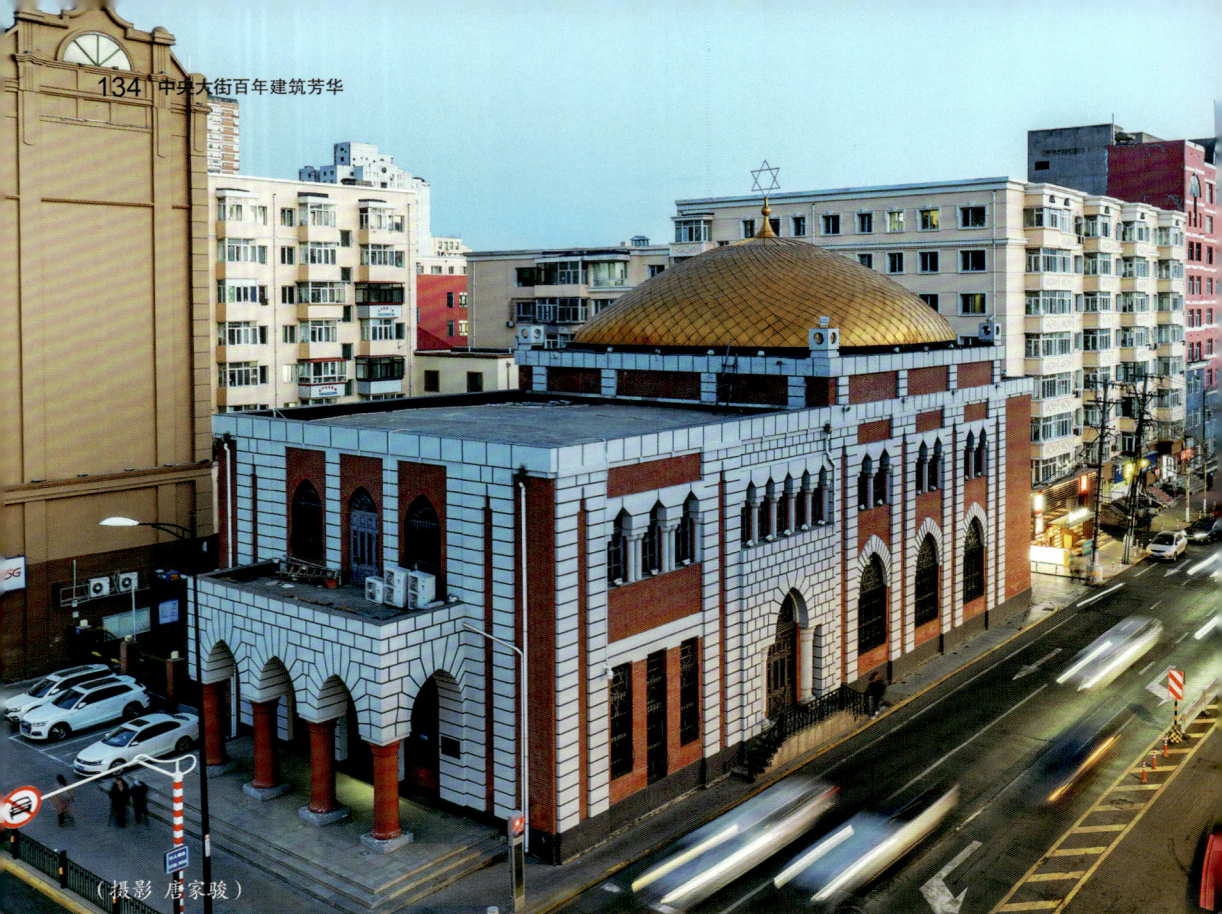

（摄影 唐家骏）

7　犹太新会堂旧址

　　在距离犹太总会堂不远处的经纬街 162 号，是犹太新会堂旧址。犹太新会堂相对于总会堂建设时间较晚，因此被叫作新会堂，两栋建筑也只有几百米的距离。这栋建筑始建于 1918 年，在 1921 年建成，同样由犹太中学的设计师约·尤·列维金设计。这栋建筑形体浑厚，同时具有更加鲜明的摩尔建筑语言，尖券和窗饰等部分都展现了摩尔建筑的设计要素。建筑后部的金色穹顶与六角圣星，进一步体现了犹太建筑的特征。这栋建筑在新中国成立后被很多单位使用过，近些年被进行了整修和复原。现如今，这栋建筑成为"哈尔滨犹太历史文化博物馆"，展馆内关于哈尔滨犹太人历史文化的展览也非常具有参观价值。

7. The Former Site of Harbin Jewish New Synagogue

　　Located at No. 162 Jingwei Street, not far from the Harbin Jewish General Synagogue, stands the former site of the Harbin Jewish New Synagogue. Compared with the Harbin Jewish General Synagogue, the Harbin Jewish New Synagogue was constructed later, hence the name. The building was initiated in 1918 and completed in 1921, also designed by Joseph Yurielevich Levkin, the architect of the former Jewish Middle School. The building boasts a more robust form and prominently features Moorish architectural elements, with the pointed scrolls and window decorations showcasing the design elements of Moorish architecture.

（摄影 韦树祥）

8 犹太商人索斯金故居

　　索斯金故居也是哈尔滨犹太人活动旧址群建筑的重要组成部分，属于全国重点文物保护单位。这栋建筑毗邻中央大街历史文化街区外围的经纬街，位于道里区经纬四道街 30 号的院落之中。犹太商人纳乌姆·索斯金是当时哈尔滨索斯金家族的重要人物，他在 1922 年建设了这栋位于当时埠头区的私宅。与中央大街附近的街区型多层建筑不同，这栋一层高砖木结构的住宅更加具有庄园建筑的特征。这栋建筑属于独立型小住宅设计格局，外观是简约的古典三义建筑风格，主入口处的科林斯柱廊成为其最鲜明的视觉特征。建筑的内部充满了繁琐和华丽的深色实木装饰，充分展现了当时索斯金一家的奢华生活。建筑现在作为"索斯金旧居犹太人生活陈列馆"对外开放，是中央大街附近的又一处重要打卡场馆。

8. The Former Residence of Jewish merchant Naum Soskin

The former residence of Jewish merchant Naum Soskin is located in the courtyard at No. 30, Jingwei 4th Street, Daoli District, adjacent to the periphery of the Zhongyang Street Historical and Cultural Block. Built in 1922, this private residence features an independent small house design. Its exterior is in a simple classical architectural style, with the Corinthian colonnade at the main entrance being its most distinctive visual feature. The interior of the building is filled with elaborate and luxurious dark wood decorations, fully demonstrating the luxurious life of the Soskin family at that time.

五 中央大街的陈年往事

　　建筑艺术是中央大街历史文化的重要载体，前文介绍了中央大街现存的文物建筑和历史建筑。但是遗憾的是，众多中央大街老建筑消失在历史长河的发展过程中，其中有着许多精美的代表建筑。除了老建筑本身之外，老字号品牌和历史名人也都成为中央大街建筑文化记忆的重要组成部分。本章将挖掘这些尘封的陈年往事，走进中央大街的时空记忆。

奥谢金斯基大楼旧址建筑二层室内
曾是房主奥谢金斯基旧居，现为老俄侨民宿（摄影 韦树祥）

（一）消逝的知名建筑

1 江畔的大教堂

圣母报喜教堂应该是历史文化街区内消失的老建筑中最为著名的一座。圣母报喜教堂又称圣母领报教堂，位于中央大街和友谊路的交叉口区域，毗邻松花江畔。在100多年的历史中，这里共先后出现过3座圣母报喜教堂，不过3座教堂都没有保留下来。第一座是建于1903年的木结构小教堂，建筑的形式非常简易。这座木结构小教堂在1918年被火灾烧毁，而后在1919年建成了第二座砖木结构的中小规模的圣母报喜教堂，它是具有鲜明俄罗斯风格的多洋葱头式建筑，很多老照片中都能看到它高耸的钟塔。随后在1929年，更加宏伟的第三座圣母报喜教堂的建设被提上日程。这座全新的教堂在1941年建成，是一座大型的拜占庭风格教堂，与圣索菲亚教堂相互争辉。20世纪40年代，新老圣母报喜教堂同时并存而成为江畔最靓丽的建筑，它们与圣索菲亚教堂共同成为远东地区最大的东正教堂。遗憾的是，第三座圣母报喜教堂在1970年被拆除，部分建筑遗址被掩盖在了现在哈尔滨市建筑设计院的楼体之内。

1903年建成的第一座木结构小教堂

1919年建成的第二座砖木结构教堂

1941年建成的第三座大型砖石教堂

1940年代的老照片，第二座与第三座圣母报喜教堂共同存在

2　最优美的电影院

20 世纪初的哈尔滨开始往远东大城市转型，各种新鲜事物也在中央大街层出不穷，而电影院就是其中一个重要的商业元素，中央大街的电影院在全国也是最早出现的一批。早在 1905 年，现在的中央大街与西十二道街交角处就开办了"科勃采夫电影院"，这也是哈尔滨有记录的第一家电影院。我们也经常能在许多老照片中看到一栋具有特色的建筑，这栋位于中央大街和红霞街交叉口南侧的建筑，就是建于 1906 年的节克坦斯电影院。节克坦斯电影院由犹太人创办，是一栋一层高的折衷主义建筑，在道路转角的穹顶成为其鲜明的标志。这栋小建筑虽然不大，但是比较精美，在老照片中能看到其新艺术样式的墙身装饰，以及门前的人像壁画。这栋精美的小建筑在 1920 年代被拆除，而后在原址建设了孔氏洋行，新建的孔氏洋行显然没有原电影院建筑具有特色，这也是历史发展过程中的一个遗憾。

老照片中的节克坦斯电影院

3　四个圆窗的建筑

在 2000 年前后，城市的大开发大建设也拓展到了中央大街区域，由于当时对保护建筑认知不足，很多老建筑陆续被拆除，而西五道街北部区域成为当时的重灾区。在西五道街北侧距离现存联谊饭店旧址不远处，曾经有一座优美的新艺术建筑，就是位于西五道街 37 号的原俄侨事务局。这栋三层高的建筑建于 1925 年，呈现了对称的布局，展现了非常鲜明的哈尔滨新艺术建筑特征。特别是建筑立面的四个圆窗非常具有特色，这使得这栋建筑在很多老照片中也非常显眼。这栋建筑可以说是中央大街新艺术风格的精品，不过在前些年被无情拆除，我们只能在老照片中欣赏这一建筑律动的身影。

老照片中的俄侨事务局

4 华梅西餐厅的邻居

在紧邻华梅西餐厅建筑的中央大街128号，曾有过一栋非常华丽的折衷主义建筑，这栋建筑在很多老照片中也能够看到。这栋建筑在新中国成立前曾经先后为日商中央旅馆以及厚生医院，20世纪后期也曾作为医疗器械商店等，遗憾的是它在20世纪末的大建设风潮中被拆毁。这栋三层高的砖木建筑建于1920年代，建筑的比例非常和谐，同时立面的每层开窗都有着自身特色，中部的科林斯壁柱以及两侧的墙身装饰成为其鲜明特征。在中央大街消失的众多建筑中，如果说西五道街的原俄侨事务局是最优美的新艺术建筑代表，那么这栋厚生医院建筑可以说是最优美的折衷主义代表。

老照片中的厚生医院建筑

5 两栋四层大楼

相对于历史文化街区中的辅街，主街建筑被拆毁的相对较少，但是在主街南北仍有两栋高耸的四层建筑没有保留下来。在新中国成立前的中央大街主街上，除了位于中部最高的五层建筑松浦洋行，还有4栋四层高的建筑存在，这些较高的建筑一度是中央大街上的视觉标志。而现如今，4栋四层老建筑中仅剩下2栋，分别是位于南部的哈尔滨特别市公署旧址和北部的联谊饭店旧址。消失的2栋建筑分别位于主街与霞曼街交叉口以及主街与西三道街交叉口，都是带有平面转角的折衷主义建筑，大体建于1920年代。这2栋建筑同样在新中国成立后并存过一段时间，但在2000年前后依然没有摆脱被拆毁的命运。

1920年代的霞曼街口建筑（当时为三层）

1931年的西三道街口四层建筑（左二，从北往南拍摄）

（二）历史名人的足迹

1 "文学洛神"萧红

作为民国四大才女之一的萧红（1911—1942 年）出生在哈尔滨市呼兰区，在 1930 年代被称为"文学洛神"，代表作有《生死场》《呼兰河传》等。萧红原名张乃莹，她不只有非常高的文学才华，同时有着传奇的人生经历，短短 31 年的人生却阅尽了人世沧桑。近些年，关于萧红故事的电影《萧红》和《黄金时代》陆续推出，让我们进一步地了解了这位传奇女性的短暂一生。在这其中，中央大街的故事在萧红生涯里写下了非常重要和浓厚的一笔。

1932 年，萧红在人生最窘迫的时期结识了萧军，两人迅速坠入爱河而谱写了一段凄美的故事。在 1932 年 10 月，两人曾在位于尚志大街和西十道街交叉口的欧罗巴旅馆短暂居住，那时的欧罗巴旅馆还是一栋 2 层带阁楼的小建筑。而后两人搬入商市街（现在的红霞街）25 号居住，在这里他们共同生活了 1 年半多的时间。之后，萧红出版了回忆性散文集《商市街》，就是对这一时期的追忆。在商市街生活稳定后，萧红真正开启了写作生涯，在这期间萧红与萧军也参加了许多左翼作家的活动。随着 1934 年 6 月萧红和萧军逃离哈尔滨，萧红与中央大街的故事画上了句号。现如今，在中央大街漫步之时，可以来一场追忆萧红的老建筑之旅，徜徉在文学与艺术的历史长河之中。

萧红与萧军在哈尔滨的合影

1931 年的欧罗巴旅馆（左一建筑）

2 "革命土泥"金剑啸

在萧红的哈尔滨左翼作家朋友中，包含了金剑啸、罗烽、白朗和舒群等一群年轻人，而这其中的领军人物是当时的共产党员金剑啸（1910—1936 年）。金剑啸原名金承栽，出生于辽宁省沈阳市，幼年时随家搬迁到哈尔滨，是东北地区著名作家、画家、剧作家和导演。金剑啸早年在哈尔滨学医，后来弃医从文，在 1931 年加入中国共产党，随后回到哈尔滨开展地下工作。金剑啸回到哈尔滨不久，就与左翼文艺青年共同进行文学和话剧等创作，成立了当时哈尔滨的革命宣传团体。

而金剑啸与中央大街更直接的关联是他创立了天马广告社。天马广告社主要承担各种绘画广告业务，也是左翼青年的活动基地，位于现在的西十五道街 33 号老建筑的后院。西十五道街 33 号是一栋三层高的精美折衷主义建筑，现在是哈尔滨党史纪念馆。穿过党史纪念馆的中庭，可以看到一栋三层的红砖饰面老建筑，而天马广告社就曾经位于这栋建筑的三楼。金剑啸在哈尔滨和齐齐哈尔都有过工作经历，其间一直进行革命宣传工作，在 1936 年被捕牺牲。萧红在得知金剑啸之死后，创作了一首叫做《一粒土泥》的诗，诗中写道"将来全世界的土地开满了花的时候，那时候我们全要记起，亡友剑啸，就是这开花的一粒土泥。"1996 年，哈尔滨有关部门在清滨公园为金剑啸烈士设立了纪念雕像，来永远纪念这粒"革命土泥"。

金剑啸烈士照片

老照片中的西十五道街 33 号

3 马迭尔宾馆的客人

由于哈尔滨曾经是中东铁路的枢纽城市，也是乘坐火车去往苏联和欧洲的必经之所。因此，众多的近现代名人都到达过新中国成立前的哈尔滨，与当时著名的马迭尔宾馆结下了缘分，这些客人的到访也进一步增添了这座宾馆的文化魅力。1929 年 5 月，当时的"国母"宋庆龄访问苏联后途径哈尔滨，下榻了马迭尔宾馆现如今的 315 房间。1934 年，著名美国记者埃德加·斯诺到访哈尔滨，这位中国人民的老朋友住在了现如今的 314 房间。1949 年，为了参加世界保卫和平大会，以郭沫若为团长的代表团一行在哈尔滨马迭尔宾馆集合，郭沫若、茅盾、丁玲、徐悲鸿、田汉和马寅初等文化名人都曾在此留宿。

马迭尔宾馆还有一次政治高光时刻，就是 1948 年 9 月新政协筹备活动曾在此举行。由于哈尔滨是全国解放最早的大城市，因此中共中央决定在 1948 年于马迭尔宾馆举行全国政协会议的筹备会。著名的民主人士沈钧儒、章伯钧、谭平山、蔡廷锴、李德全等陆续到达马迭尔宾馆入住，随后与中共中央代表进行了多次会谈。11 月 25 日，多方代表在马迭尔宾馆达成了《关于召开新的政治协商会议诸问题的协议》。随着后来北平的和平解放，1949 年新政协筹备会议第一次全体会议移师北平召开。这些民主人士的到来，使得马迭尔宾馆成为中国新政协的起点，也加强了这座建筑的红色印记。

1948 年民主人士在马迭尔宾馆合影

老照片中的马迭尔宾馆

4 文人笔下的中央大街

百年来，众多文人骚客的笔下也展现了中央大街的繁华与浪漫。1925 年，著名诗人徐志摩去往欧洲而途经哈尔滨，中央大街的俄国风貌给他留下了深刻的印象。在他给未来妻子陆小曼的信中也生动描绘了这里的场景，"我爱这儿尖屁股的小马车，顶好要一个戴大皮帽的大俄鬼子赶，这满街乱跳，什么时候都可以翻车，看了真有意思，坐着更好玩……我从不看女人的鞋帽，今天居然看了半天，有一顶红的真俏皮。"

朱自清也在 1931 年途经哈尔滨逗留了几天，居住在了当时新城大街（现尚志大街）的北京宾馆。他在《西行通讯》中是这样记录的，"你黄昏后在中国大街上走（或在南岗秋林洋行前面走），瞧那拥拥挤挤的热闹劲儿。上海大马路等处入夜也闹嚷嚷的，但乱七八糟地各有目的，这儿却几乎满是逛街的……但这里虽有很高的文明，却没有文化可言。待一两个礼拜，甚至一个月，大致不会教你腻味，再多可就要看什么人了。"

梁晓声是当代著名作家，也是土生土长的哈尔滨人，他对中央大街有着无比的眷恋。在他的著名小说《人世间》中写道，"周秉昆和郑娟曾双双散步于中央大街。那是夏季的一天傍晚，哈尔滨最美的时候，中央大街最美的时候，周秉昆仰望一位穿连衣裙的少女伫立于阳台俯瞰街景，而这使他看呆了。"

著名作家阿成在小时候跟着父母来到了哈尔滨。"我是看着哈尔滨这座城市长大的"。他在《哈尔滨人》中这样写道："我作为一个小孩子，站在中央大街的北端（我的背后就是那条从长白山的天池奔腾而来的松花江），能将这条足有两公里长的马路望穿。在这条铺着法国式鱼鳞状的方石路面上，只有几条绰约的人影像梦一样地晃动。一切都静悄悄的。感觉这不是一座城市，而是一个偌大而幽静的，弥漫着欧式风格的别墅。"这段梦境般诗意的文字，见证了城市如何以具象的街道和建筑塑造一个少年的精神故乡。

朱自清在哈尔滨太阳岛

老照片中的中央大街商业橱窗

（三）老字号与老建筑

　　老字号是一个城市发展过程中留存下来的知名品牌，也是一个城市凝集下来的精华。截至2024年，哈尔滨有国家认定的中华老字号品牌25个，这其中与中央大街历史文化街区息息相关的品牌有4个，包括前文重点描述的"马迭尔"和"华梅"这两个中央大街的餐饮标志，以及商务部第一批认定的"老都一处"餐饮和"世一堂"药店。除了中号老字号之外，历史文化街区也包含了"塔道斯"西餐、"老厨家"和"真美"照相馆等龙江老字号。这些老字号品牌的存在，增添了中央大街的人文魅力，也提升了中央大街的文旅价值。

1 老都一处

　　"老都一处"创立于1923年，现在已经是百年老店，创始人是河北人杨保增，当初主要经营三鲜水饺和风味熏酱菜。老都一处饺子馆开店之初就位于现在的西十三道街，在几十年内不断地变更名称和转换经营权，最终在2000年之后迁址到了现在的西十三道街21—25号。"老都一处"餐饮现址为建于1920年代的原福泰楼，原为砖木结构的折衷主义建筑风格，从1980年代开始不断地改扩建成了现在的规模。这栋建筑现在中式装饰的外观显然已经不是历史原貌，但出于对历史建筑遗存和老字号品牌的考虑，仍然被定为哈尔滨市不可移动文物。虽然老建筑的风骨不在，但是百年水饺仍然是货真价实。"老都一处"所在的辅街位置并不显眼，但是它默默历经百年，传承着中国美食文化。

老照片中的福泰楼婚宴合影

现如今的"老都一处"建筑

2 世一堂

位于西十道街15号的"世一堂"药店是哈尔滨的骄傲，因为"世一堂"曾经与"北京同仁堂"齐名，是关外最知名的中药堂。哈尔滨的"世一堂"创办于1903年，当时是吉林老号的分堂，在哈尔滨主要由李星臣来经营，在道里和道外区都设有店铺。由于其良好的口碑，在20世纪上半叶一直立于不败之地。现在的道里区"世一堂"老店是一栋建于1927年的折衷主义建筑，在后来被扩建而丧失了原来的风貌。虽然这栋建筑现在并非原始外观，但与"老都一处"现存的建筑一样，也被列入哈尔滨市不可移动文物。这栋建筑本身并无参观欣赏价值，但是"世一堂"的中医文化依然在这里发扬光大。

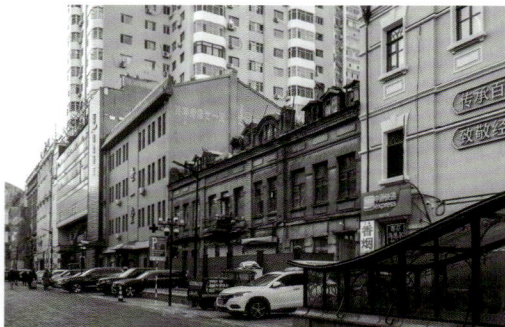

老照片中的西十道街（左三为当时的"世一堂"建筑）现如今的西十道街（左三为现在的"世一堂"建筑）

3 塔道斯

中央大街建设之初就陆续开设了许多家西餐厅，像前文提到过的著名的米尼阿久尔餐厅和马尔斯茶食店都陆续消失在历史长河中。而现在仍然剩下一些西餐厅在持续运营，作为中华老字号的华梅西餐厅就是其中最重要的代表。在华梅之外还有一家西餐厅被评为龙江老字号，这就是始建于1901年的"塔道斯"西餐厅。"塔道斯"西餐由亚美尼亚人塔道斯先生创办，是一家带有高加索风味的俄式餐厅。餐厅开设之后在中央大街一些街道分别开店，在1920年代搬迁到了中央大街北部的联谊饭店旧址地下室。随着历史的发展，塔道斯一家在新中国成立后离开了哈尔滨，品牌也一度中断。在21世纪初，"塔道斯"品牌由有识之士再次推出，继续传递这一西餐文化老字号。

老照片中的"塔道斯"西餐厅入口　　　　　　现如今的"塔道斯"西餐厅入口

4 十楼一号

　　"拾楼壹号"并不是一个老字号品牌，而是在 2023 年新开业的一家哈埠菜馆，同时也是一家饮食博物馆，店址位于西十道街和尚志大街交叉口的尚志大街 154–3 号。"十楼一号"是指哈尔滨新中国成立前的 11 家著名饭店，分别是恩成楼、春华楼、兴滨楼、福泰楼、新华楼、鸿升楼、致美楼、宴宾楼、泰华楼、华丰楼以及永安号，可以说曾经的"十楼一号"承载了哈埠菜的百年历史光辉。而新开业的"拾楼壹号"则挖掘经典餐馆，复原了诸多经典哈埠老菜。这里更值得一去的是，在建筑的三层设有哈埠菜历史收藏馆，里面陈列了上千件餐饮城史文物，游客可以免费参观。"拾楼壹号"现存建筑是原百年老建筑"同盛泰"大楼，原二层老建筑经过历史变迁后被改扩建为三层。新开业的"拾楼壹号"复原了原有老建筑立面，在追忆建筑艺术和餐饮文化的同时，成为尚志大街上鲜明的一景。

老照片中的"同盛泰"大楼

现如今的"拾楼壹号"建筑

犹太商人索斯金旧居室内房间，现索斯金旧居犹太人生活陈列馆
（摄影 韦树祥）

东风街 16 号建筑内的百年老式电梯，现大公馆壹玖零叁酒店
（摄影 韦树祥）

六 中央大街老建筑总表

　　现阶段，中央大街历史文化街区内拥有 100 多栋老建筑。多年来，有关部门已经对老建筑进行了全方位的考察和保护，逐步对每栋建筑划分级别并分批次认定。截至 2025 年初，历史文化街区包含全国重点文物保护单位 8 栋，哈尔滨市文物保护单位 2 栋，哈尔滨市不可移动文物 43 栋，哈尔滨市历史建筑 40 栋。除了这 93 栋历史遗存之外，仍有少部分老建筑散布在街区和楼群之中，需要进一步考证和发掘。本章对现存 93 栋文物建筑和历史建筑进行总体介绍，通过中央大街主街、主街东部街区和主街西部街区来分区划分，系统和全面地对老建筑进行列表展示。

中央大街主街建筑

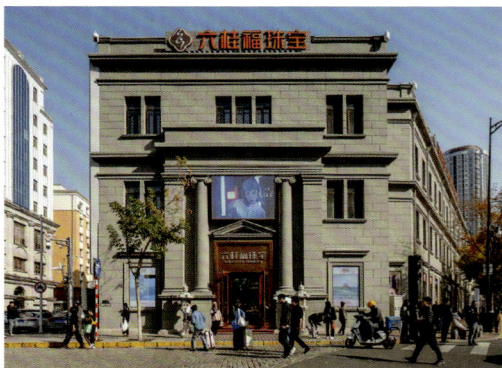

1. 哈尔滨万国储蓄会旧址

　　哈尔滨市不可移动文物。位于中央大街 1 号，建成于 1926 年，最初为二层砖木建筑，1940 年代初扩建为三层，古典主义建筑风格。

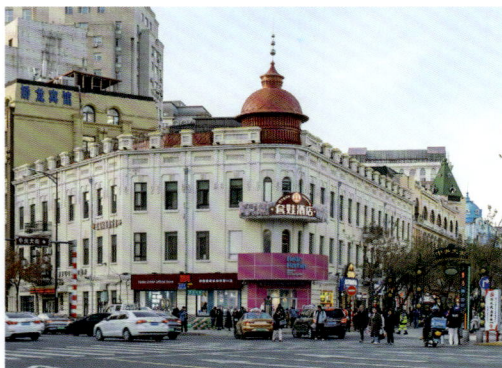

2. 哈尔滨一等邮局旧址

　　哈尔滨市不可移动文物。位于中央大街 2 号，建于 1910 年前后，最初为二层砖木建筑，1990 年代改建为三层，折衷主义建筑风格。

3. 阿格洛夫洋行旧址

　　哈尔滨市不可移动文物。位于中央大街 21 号，建成于 1923 年，最初为三层砖木结构，1950 年代加建为四层，具有古典主义样式的折衷主义建筑风格。建筑师是尤·彼·日丹诺夫。

4. 哈尔滨特别市公署旧址

　　哈尔滨市不可移动文物。位于中央大街 32—34 号，建于 1922 年，四层砖木建筑，折衷主义建筑风格。建筑屋顶在 1990 年代进行过改造。

5. 奥谢金斯基大楼旧址

哈尔滨市历史建筑。位于中央大街42—46号，建成于1919年，二层砖木结构，新艺术运动建筑风格。

6. 中央大街49号建筑

哈尔滨市历史建筑。原中国大街商住楼，建于1910年代，二层砖木结构，折衷主义建筑风格。

7. 中央大街50号建筑

哈尔滨市历史建筑。中华懋业银行和金城银行曾在此办公，始建于1910年代，在1930年代进行过立面改造，二层砖木结构，折衷主义建筑风格。

8. 米尼阿久尔餐厅旧址

全国重点文物保护单位。位于中央大街52—58号，建于1920年代，二层砖木结构，新艺术运动建筑风格，在21世纪进行了一次维修改造。

9. 犹太国民银行旧址

全国重点文物保护单位。位于中央大街57—59号，建于1920年代，二层砖木结构，具有文艺复兴样式的折衷主义建筑风格。

10. 伊格莱维仟商店旧址

哈尔滨市不可移动文物。位于中央大街88—92号，建于1921年，三层砖木结构，具有古典主义样式的折衷主义建筑风格。

11. 别特罗夫毛皮商店旧址

哈尔滨市不可移动文物。位于中央大街 96—98 号，建于 1921 年，三层砖木结构，具有古典主义样式的折衷主义建筑风格。

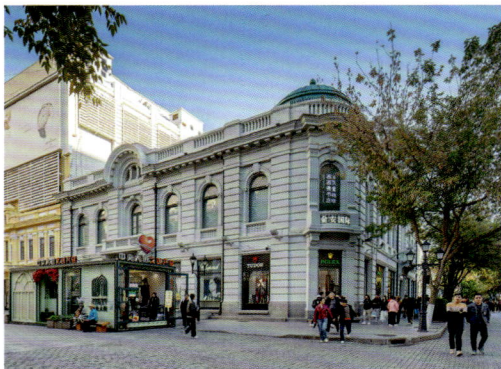

12. 协和银行旧址

全国重点文物保护单位。也称"奥昆大楼"，位于中央大街 73 号，建于 1917 年，二层砖木结构，具有文艺复兴样式的折衷主义建筑风格。

13. 伏尔加·贝尔加银行旧址

哈尔滨市不可移动文物。位于中央大街 104 号，建于 1900 年代，二层砖木结构，原为新艺术运动建筑风格，新中国成立后经历多次改建。

14. 马迭尔宾馆

全国重点文物保护单位。位于中央大街 89 号，建于 1913 年，三层砖木结构，新艺术运动建筑风格。建筑师是 C. A. 文萨恩。

15. 华梅西餐厅

哈尔滨市历史建筑。位于中央大街 112 号，始建于 1910 年代，最初为一层的砖木结构，折衷主义建筑风格，后不断改建扩建。1958 年华梅西餐厅正式入驻。

16. 中央大街 101-105 号建筑

哈尔滨市不可移动文物。原永庆祥食品杂货店，建于 1920 年代，二层砖木结构，折衷主义建筑风格。

17. 秋林洋行道里分行旧址

全国重点文物保护单位。位于中央大街 107 号，建于 1900 年代，三层砖木结构，新艺术运动风格建筑，1916 后为秋林洋行道里分行。

18. 松浦洋行旧址

哈尔滨市文物保护单位。位于中央大街 120—122 号，建成于 1920 年，五层砖木结构，巴洛克建筑风格。建筑师是 A. A. 米亚斯科夫斯基。

19. 松格利药铺旧址

哈尔滨市不可移动文物。位于中央大街 124 号，建于 1920 年代，三层砖木结构，原为新艺术运动建筑风格，后立面有部分改造。

20. 万国洋行旧址

哈尔滨市不可移动文物。位于中央大街 126—132 号，建成于 1922 年，1939 年增建为二层，砖木结构，折衷主义建筑风格。

21. 远东银行旧址

全国重点文物保护单位。位于中央大街 109—115 号，建成于 1922 年，三层砖木结构，具有古典主义样式的折衷主义建筑风格。在 1926 年后曾被苏联远东银行使用。

22. "戈洛布斯"犹太电影院旧址

全国重点文物保护单位。位于中央大街 117—121 号，建成于 1930 年前后，二层砖木建筑，具有文艺复兴样式的折衷主义建筑风格。

23. 联谊饭店旧址

哈尔滨市不可移动文物。位于中央大街127—129号，始建于1907年，1920年代扩建为四层，扩建建筑师是 A. A. 米亚斯科夫斯基，砖木结构，具有文艺复兴样式的折衷主义建筑风格。

24. 道里秋林公司旧址

哈尔滨市不可移动文物。位于中央大街187—191号，建于1910年，二层砖木结构，具有文艺复兴样式的折衷主义建筑风格。

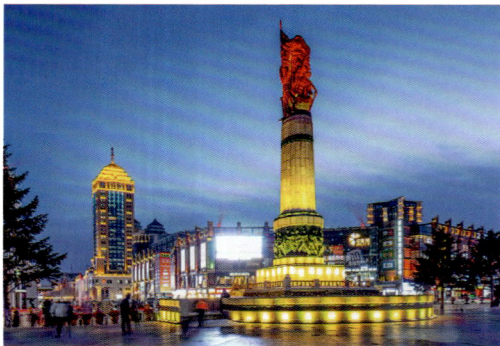

25. 哈尔滨市人民防洪胜利纪念塔

哈尔滨市文物保护单位。位于中央大街最北端的江畔广场，建于1958年，1960年落成，是一组由主塔和回廊组成的群体构筑物。设计师是米·安·巴吉赤。

中央大街东部街区建筑

26. 波兰医生扎瓦茨基住宅旧址

哈尔滨市不可移动文物。位于经纬街73—81号，建于1920年代，二层砖木结构，新艺术运动建筑风格。

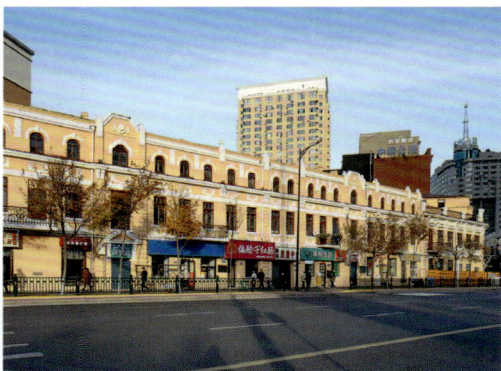

27. 原经纬街 29-97 号建筑

哈尔滨市历史建筑。包含了两栋原商住楼，现分别位于经纬街83—99号和西十六道街35—43号，分别建于1920年代和1930年代，三层砖木结构，折衷主义建筑风格。

28. 陈潭秋被捕地旧址

哈尔滨市不可移动文物。原双盛堂大楼，位于西十五道街7号，建于1920年代，三层砖混结构，折衷主义建筑风格。中共党员陈潭秋于1930年12月在此被敌人抓获。

29. 西十五道街 27 号建筑

哈尔滨市历史建筑。原中国人商住楼，建于1920年代，二层砖木建筑，具有新艺术运动语言的折衷主义建筑风格。

30. 西十五道街 33 号建筑

哈尔滨市历史建筑。原中国人住宅，建于1920年代，三层砖混建筑，具有古典主义样式的折衷主义建筑风格。

31. 原天马广告社旧址

哈尔滨市历史建筑。原中国人住宅，位于西十五道街33号沿街建筑后院，建于1920年代，三层砖木建筑，折衷主义建筑风格。1933年春，中共党员金剑啸在三楼创办天马广告社。

32. 阜合昶五洲货店旧址

哈尔滨市不可移动文物。位于尚志大街100号，建于1920年代，四层砖混结构，具有古典主义样式的折衷主义建筑风格。

33. 西十四道街 2 号建筑

哈尔滨市不可移动文物。原恒昌顺大楼，建于1925年，三层砖木结构，具有文艺复兴样式的折衷主义建筑风格。

34. 西十四道街 1-7 号建筑

哈尔滨市不可移动文物。原日昇恒大楼，建于1920 年代，二层砖木结构，折衷主义建筑风格。1930 年代乐天照相馆迁至此楼。

35. 西十四道街 6 号建筑

哈尔滨市历史建筑。原亨盛永大楼，建于1920 年代，三层砖木建筑，折衷主义建筑风格。

36. 西十四道街 13 号建筑

哈尔滨市不可移动文物。原中国人商住楼，建于1920 年代，原二层砖木结构，后加建为三层，折衷主义建筑风格。

37. 西十四道街 13 号院内建筑

哈尔滨市历史建筑。原中国人住宅，建于1920 年代，二层砖木结构，带有中国传统装饰语言的折衷主义建筑风格。

38. 西十四道街 18 号

哈尔滨市历史建筑。原亨盛永大楼，建于1920 年代，三层砖木建筑，具有新艺术运动语言的折衷主义建筑风格。

39. 西十四道街 28 号

哈尔滨市历史建筑。原中国人商住楼，建于1920 年代，三层砖木建筑，具有新艺术运动语言的折衷主义建筑风格。

40. 西十四道街 32 号

哈尔滨市历史建筑。原中国人商住楼，建成于1922年，二层砖木建筑，具有文艺复兴样式的折衷主义建筑风格。

41. 尚志大街 114—118 号建筑

哈尔滨市不可移动文物。原日商伊丹商店，建于1915年，二层砖木结构，新艺术运动建筑风格。

42. 巴拉斯旅馆旧址

哈尔滨市不可移动文物。位于尚志大街 120—124号，建于1920年代，三层砖混结构，折衷主义建筑风格。麦加利银行与巴拉斯旅馆都曾在此楼经营。

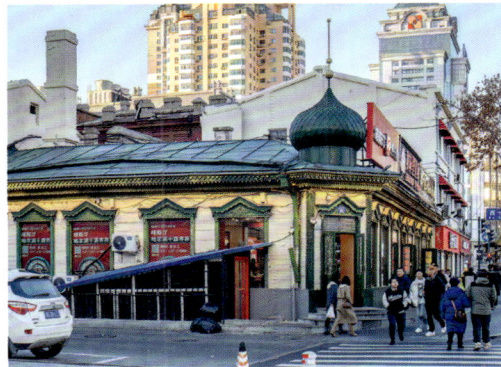

43. 永安文化用品商店旧址

哈尔滨市不可移动文物。位于尚志大街 128—130号，建于1920年代，一层木结构，俄罗斯传统木构建筑风格。1947年在此设立永安文化用品商店。

44. 赵尚志养伤处旧址

哈尔滨市不可移动文物。原中国人住宅，位于西十三道街 13—19 号，建于1920年代，二层砖木结构，折衷主义建筑风格。1933年赵尚志曾经在此养伤。

45. 老都一处

哈尔滨市不可移动文物。原福泰楼，位于西十三道街 21—25 号，建于1920年代，原为三层砖木结构，折衷主义建筑风格。后经过多次改扩建，现为中式风格。

46. 真美照相馆

哈尔滨市不可移动文物。原商住楼，位于尚志大街 132—134 号，始建于 1900 年代，原为二层砖木结构，折衷主义建筑风格，后经过多次改建成现状。真美照相馆 1930 年代在此开业。

47. 西十二道街 6—10 号建筑

哈尔滨市历史建筑。原泰康呢绒庄，建于 1920 年代，二层砖木结构，折衷主义建筑风格。

48. 西十二道街 12—16 号建筑

哈尔滨市历史建筑。原俄侨商住楼，建于 1920 年代，原二层砖木结构，后加建为三层，具有新艺术运动语言的折衷主义建筑风格。

49. 西十二道街 18—24 号建筑

哈尔滨市历史建筑。原商住楼，建成于 1940 年，四层砖木结构，装饰艺术运动建筑风格。

50. 西十二道街 26—30 号建筑

哈尔滨市历史建筑。原商铺，建于 1920 年，二层砖木结构，具有新艺术运动语言的折衷主义建筑风格。

51. 西十二道街 32—38 号建筑

哈尔滨市历史建筑。原协茂长绸缎货店，建于 1916 年，三层砖木结构，折衷主义建筑风格。

52. 西十二道街 40 号建筑

哈尔滨市历史建筑。原商住楼，建于 1920 年代，二层砖木结构，具有新艺术运动语言的折衷主义建筑风格。

53. 俄国第一借贷金融银行旧址

哈尔滨市不可移动文物。位于西十二道街 44—46 号，建于 1920 年代，砖混结构，具有古典主义样式的折衷主义建筑风格。

54. 花旗银行旧址

哈尔滨市不可移动文物。位于西十二道街 48 号，建于 1925 年，砖混结构，具有古典主义样式的折衷主义建筑风格。

55. 西十二道街 52 号建筑

哈尔滨市历史建筑。原商铺，建于 1920 年代，二层砖木结构，折衷主义建筑风格。

56. 哈尔滨市五金矿产进出口公司旧址

哈尔滨市不可移动文物。位于西十一道街 55 号，建于 1920 年代，三层砖混结构，折衷主义建筑风格。

57. 欧罗巴旅馆旧址

哈尔滨市历史建筑。位于尚志大街 150 号，始建于 1920 年代，原二层砖木建筑。1940 年代改建为五层砖混结构建筑，装饰艺术运动建筑风格。

58. 世一堂药店

哈尔滨市不可移动文物。位于西十道街 15 号，建于 1927 年，原为三层砖木结构，折衷主义建筑风格。后经过多次改扩建，现为中式风格。

59. 原西十道街 43 号商业住宅楼

哈尔滨市历史建筑。现仅存建筑两侧立面片段，分别位于金安国际商场内部中庭和现西九道街 32 号。建于 1920 年代，原为三层砖木结构建筑，具有古典主义样式的折衷主义建筑风格。

60. 原西九道街 50-58 号住宅楼

哈尔滨市历史建筑。仅存建筑北侧立面，现地址为西九道街 38 号，建于 1920 年代，原为二层的砖木结构，具有古典主义样式的折衷主义建筑风格。

61. 巴拉斯电影院旧址

哈尔滨市不可移动文物。位于西七道街 55 号，建于 1925 年，原三层砖木建筑，折衷主义建筑风格，后改扩建。

62. 公和利华洋商店旧址

哈尔滨市不可移动文物。建筑俗称"大白楼"，位于尚志大街 176 号，建于 1925 年，三层砖木结构，具有古典主义样式的折衷主义建筑风格。

63. 犹太医院旧址

全国重点文物保护单位。位于西五道街 36 号，1933 年动工，1939 年全部落成，具有摩尔语言的犹太建筑风格。

64. 原名典咖啡西餐厅

　　哈尔滨市历史建筑。原俄侨住宅，位于尚志大街214号，建于1930年代，最初为二层砖混结构，折衷主义建筑风格，新中国成立后加建为三层。

65. 西二道街12号建筑

　　哈尔滨市不可移动文物。原怡大洋行，建于1920年代，三层砖混结构，具有古典主义样式的折衷主义建筑风格。

66. 西二道街20号建筑

　　哈尔滨市历史建筑。原俄侨公寓，建于192□年代，三层砖木结构，折衷主义建筑风格。

67. 中共满洲省委交通局旧址

　　哈尔滨市不可移动文物。原俄侨住宅，位于西头道街27—33号，建于1920年代，原为二层砖木结构，折衷主义建筑风格，后扩建为四层。

中央大街西部街区建筑

68. 端街14号建筑

　　哈尔滨市历史建筑。原商住楼，建于1920年代，二层砖混结构，折衷主义建筑风格。

69. 亚细亚旅馆旧址

哈尔滨市历史建筑。原日商开办旅馆，位于端街与经纬街交叉口，建成于 1933 年，三层砖混结构，装饰艺术运动建筑风格。

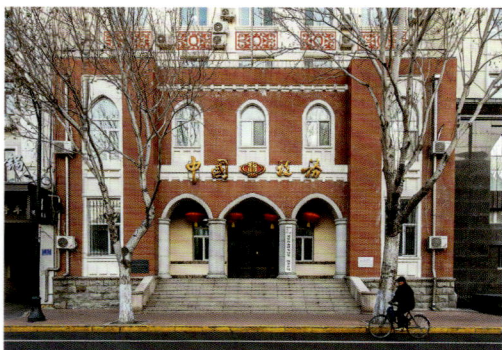

70. 犹太免费食堂和犹太养老院旧址

哈尔滨市不可移动文物。位于通江街 5 号，建成于 1920 年，二层砖木结构，具有摩尔语言的犹太建筑风格。建筑师是约·尤·列维金，现仅存正立面片段。

71. 大安街 10—16 号建筑

哈尔滨市历史建筑。原俄侨住宅，建于 1925 年，三层砖混结构，折衷主义建筑风格。

72. 大安街 18—26 号建筑

哈尔滨市历史建筑。原俄侨住宅，建于 1917 年，三层砖木结构，折衷主义建筑风格。

73. 大安街 28—38 号建筑
74. 梅金面包房旧址

大安街 28—38 号是哈尔滨市历史建筑。原俄侨住宅，建成于 1925 年，二层砖混结构，折衷主义建筑风格。梅金面包房位于 28—38 号建筑院内，哈尔滨市不可移动文物，砖木结构，折衷主义建筑风格。

75. 东风街 16 号建筑

哈尔滨市不可移动文物。原安吉巴斯大楼，建于 1920 年代，五层砖混结构，具有古典主义样式的折衷主义建筑风格，后顶部加建。

76. 东风街 50—54 号建筑

哈尔滨市历史建筑。原张定表洋服店，建于 1920 年代，三层砖木结构，折衷主义建筑风格。

77. 东风街 50—54 号院内建筑

哈尔滨市历史建筑。原张定表住宅，位于现东风街 50 号院内，建于 1930 年，三层砖木结构，折衷主义建筑风格。

78. 东风街 56—64 号建筑

哈尔滨市历史建筑。原犹太人施穆尔·格尔丰住宅，建于 1918 年，二层砖木结构，折衷主义建筑风格。

79. 丽都电影院旧址

哈尔滨市不可移动文物。位于红专街 10 号，建于 1926 年，砖木结构，折衷主义建筑风格。2000 年代被改扩建。

80. 红专街 13—21 号建筑

哈尔滨市历史建筑。原同和发花厂销售部，建于 1920 年代，二层砖木结构，折衷主义建筑风格。

81. 红专街 13—21 号院内建筑①

哈尔滨市历史建筑。原犹太人住宅，现地址为红专街 25—1 号，建于 1920 年代，三层砖木结构，折衷主义建筑风格。

82. 红专街 13—21 号院内建筑②

　　哈尔滨市历史建筑。原犹太人住宅，现地址为红专街 25—6 号，建于 1920 年代，二层砖木结构，折衷主义建筑风格。

83. 俄侨卡赞·贝克医生诊所旧址

　　哈尔滨市不可移动文物。原俄侨住宅，位于红专街 27—35 号，建于 1926 年，三层砖混结构，古典主义建筑风格。

84. 犹太私人医院旧址

　　哈尔滨市不可移动文物。原外侨住宅，位于红专街 43 号，建于 1934 年，三层砖木结构，装饰艺术运动建筑风格。

85. 红专街 69—1 号住宅

　　哈尔滨市历史建筑。原俄侨住宅，位于红专街 69 号院内，建于 1930 年代，三层砖木结构，装饰艺术运动建筑风格。

86. 红霞街 31—1 号建筑

　　哈尔滨市历史建筑。原俄侨住宅，位于红霞街 31 号院内，建于 1910 年代，二层砖木结构，新艺术运动建筑风格。

87. 东省特别区市政管理局旧址

　　哈尔滨市不可移动文物。位于红霞街 64 号，建于 1921 年，原二层砖木结构，古典主义建筑风格，后改扩建。建筑师是约·尤·列维金。

88. 中医街 34 号建筑

哈尔滨市历史建筑。原俄侨住宅，位于中医街 34 号院内，建于 1910 年代，二层砖木结构，具有新艺术运动语言的折衷主义建筑风格。

89. 新世界旅馆旧址

哈尔滨市不可移动文物。位于中医街 53 号，建于 1925 年，四层砖混结构，具有巴洛克装饰语言的折衷主义建筑风格。

90. 中医街 58 号建筑

哈尔滨市历史建筑。原张万川住宅，沿街一栋建于 1940 年代初，三层砖木结构，折衷主义建筑风格。院内一栋始建于 1921 年，最初为二层砖木建筑，新艺术运动建筑风格，后在 1939 年扩建至四层，带有装饰艺术运动风格。

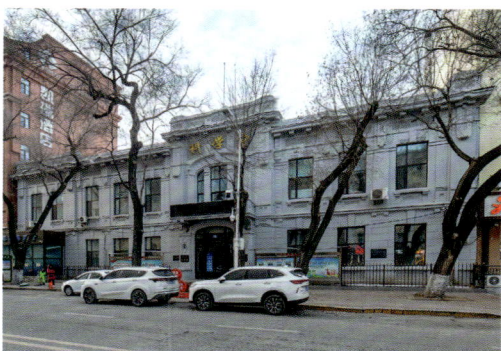

91. 哈尔滨商务俱乐部旧址

哈尔滨市不可移动文物。位于上游街 23 号，始建于 1903 年，原为一层砖木结构，后扩建为二层，具有新艺术运动语言的折衷主义建筑风格。

92. 俄侨杂志社旧址

哈尔滨市不可移动文物。位于上游街 33—35 号院内，建于 1920 年代，二层砖木建筑，折衷主义建筑风格。

93. 哈尔滨市第一监狱旧址

哈尔滨市不可移动文物。位于友谊路 150 号院内，建于 1902 年，砖混结构，现仅存一段围墙和岗楼。

（摄影 唐家骏）

参考文献

[俄]Н．П．克拉金．哈尔滨：俄罗斯人心中的理想城市[M].张琦,路立新,译.李述笑,校.哈尔滨：哈尔滨出版社,2007.

[日]平石淑子.萧红传[M].崔莉,梁艳萍,译.北京：中国人民大学出版社,2017.

[日]越沢明.哈尔滨的城市规划.1898—1945[M].王希亮,译.李述笑,校.哈尔滨：哈尔滨出版社,2014.

阿成.哈尔滨人[M].南京：南京大学出版社,2014.

阿成.远东背影：哈尔滨老公馆[M].天津：百花文艺出版社,2006.

阿唐.留住城市的记忆：哈尔滨历史建筑寻踪[M].哈尔滨：黑龙江人民出版社,2016.

常怀生.哈尔滨建筑艺术[M].哈尔滨：黑龙江人民出版社,1990.

陈志华.外国建筑史(19世纪末叶以前):第3版[M].北京：中国建筑工业出版社,2004.

董鉴泓.中国城市建设史：第4版[M].北京：中国建筑工业出版社,2014.

冯羽.哈尔滨中央大街[M].哈尔滨：黑龙江美术出版社,2004.

高龙彬.哈尔滨城市史：枢纽与窗口[M].北京：中国社会科学出版社,2024.

哈尔滨市城市规划局.凝固的乐章：哈尔滨市保护建筑纵览[M].北京：中国建筑工业出版社,2005.

韩淑芳.老哈尔滨[M].北京：中国文史出版社,2018.

李述笑.哈尔滨历史编年(1763—1949)[M].哈尔滨：黑龙江人民出版社,2013.

刘大平,王岩.哈尔滨新艺术建筑[M].哈尔滨：哈尔滨工业大学出版社,2016.

刘松茯.哈尔滨城市建筑的现代转型与模式探析：1898—1949[M].北京：中国建筑工业出版社,2003.

刘延年.老街轶事：哈尔滨建筑背后的故事[M].哈尔滨：黑龙江人民出版社,2008.

罗小未.外国近现代建筑史[M].2版.北京：中国建筑工业出版社,2004.

马英华.哈尔滨左翼作家投身的左翼文化运动研究[J].黑龙江史志,2020(09):25-30.

曲伟,李述笑.犹太人在哈尔滨[M].北京：社会科学文献出版社,2006.

任丽丽.哈尔滨马迭尔宾馆建筑装饰艺术研究[D].哈尔滨：东北林业大学,2012.

孙碧雯.城市设计视角下哈尔滨中央大街历史文化街区保护规划策略研究[D].哈尔滨：哈尔滨工业大学,2021.

王建国.城市设计[M].北京：中国建筑工业出版社,2009.

王受之.世界现代设计史[M].2版.北京：中国青年出版社,2015.

肖凤.萧红传[M].天津：百花文艺出版社,1980.

徐志摩.爱眉小札[M]北京：中国友谊出版公司,2003.

杨秋荣,谢中天.天街异彩·哈尔滨中央大街[M].北京：解放军文艺出版社,2000.

杨伟东 . 中央大街 33 号 [M]. 哈尔滨 : 北方文艺出版社 , 2024.

曾一智 . 城与人 : 哈尔滨故事 [M]. 哈尔滨 : 黑龙江人民出版社 , 2003.

周佳昱 . 基于文化基因的历史街区保护与更新策略 : 以哈尔滨中央大街历史文化街区为例 [D]. 哈尔滨 : 哈尔滨工业大学 , 2020.

Крадин Н П. Харбин - русская Атлантида[М]. Хабаровск: Издатель Хворов А.Ю, 2001.

Хисамутдинов А А. Русские в Китае Исторический обзор[М]. Шанхай: Изд. Координационного совета со-отечественников в Китае и Русского клуба в Шанхае, 2010.

Ли Яньлин. Любимый Харбин - город дружбы России и Китая: Материалы международной научно-практической конференции, посвященной 120-летию русской истории г. Харбина, прошлому и настоящему русской диаспоры в Китае[М]. Владивосток: Изд-во ВГУЭС, 2019.

致　谢

中央书店
哈尔滨市道里区中央大街118号
（摄影　韦树祥）

半见书局
哈尔滨市道里区工程街96号
（摄影　韦树祥）

雪山书集
哈尔滨市道里区通江街106号
（摄影　韦树祥）

马迭尔宾馆
哈尔滨市道里区中央大街 89 号
（摄影 韦树祥）

欧罗巴酒店
哈尔滨市道里区西十道街 10 号，
近尚志大街
（摄影 韦树祥）

巴新拉斯宾馆
哈尔滨市道里区西十三道街 2 号，
近尚志大街
（摄影 韦树祥）

东和昶 1917
宽街文化复合体
哈尔滨市道里区西十三道街 43 号，
近中央大街
（摄影 韦树祥）

华梅西餐厅

哈尔滨市道里区中央大街 112 号

（摄影 韦树祥）

塔道斯西餐厅

哈尔滨市道里区中央大街 127 号

（摄影 韦树祥）

露西亚西餐厅

哈尔滨市道里区西头道街 57 号，

近中央大街

（摄影 韦树祥）

阿格洛夫俄式西餐厅

哈尔滨市道里区西十四道街 66 号，

近中央大街

（摄影 韦树祥）

拾楼壹号

哈埠菜历史收藏馆，哈尔滨市道
里区尚志大街 154–3 号，尚志大街
与西十道街交叉口

（摄影 韦树祥）

老俄侨餐厅

哈尔滨市道里区端街 4 号，近中
央大街

（摄影 韦树祥）

老俄侨民宿

哈尔滨市道里区端街 2 号，近中
央大街

（摄影 韦树祥）

大公馆壹玖零叁酒店
哈尔滨市道里区东风街 16 号
（摄影 韦树祥）

戈雅咖啡馆
戈雅 art 空间
哈尔滨市道里区红专街 25–1 号，
红专街 13—21 号院内
（摄影 韦树祥）

鹿鱼咖啡店
哈尔滨市道里区红专街 43 号
（摄影 韦树祥）

BlackCan 罐头盒子
哈尔滨市道里区红霞街 31–1 号，
红霞街 31 号院内
（摄影 韦树祥）

后 记

中央大街这条铺满方石的百年长街，是全国独树一帜的历史文脉，也是冰城永不褪色的精神图腾。笔者客居哈尔滨这座城市多年，经常在融入者和观察者的双重身份间切换视角。每当笔者与曾经居住在中央大街附近的老哈尔滨人对话时，他们的眼波中都能泛起光泽，会津津乐道地讲述这里的街道图谱和一草一木，我们能够看到他们对这条街道的无比依恋。哈尔滨中央大街与上海南京路总长接近，都是近现代形成的具有欧洲街区特征的全国步行街代表。相较于上海南京路外地游客潮涌，中央大街则是本地市民的归属感更高，因为这条通往江沿的街道是哈尔滨人的城市客厅，更是哈尔滨人放松与休闲的生活乐园。

由于哈尔滨人对中央大街的深深情怀，近些年也陆续出版了一些关于中央大街文化追溯的书籍，但是挖掘整理这里建筑历史与艺术的书籍仍处于空白状态。特别是近些年建筑保护法规和制度的不断推进完善，中央大街已经形成了明晰的历史街区保护范围以及相对完整的历史建筑保护体系。因此，在这个阶段推出本书可以说是对中央大街老建筑的重要归纳和总结。本书是笔者"遇见哈尔滨老建筑系列"的第二本。在2024年9月，系列书的第一本《哈尔滨老教堂建筑艺术纵览》已经顺利出版，而这本《中央大街百年建筑芳华》的出版会进一步完善系列书，也进一步为哈尔滨的建筑保护和文化旅游作出贡献。

在本书的撰写中，采取了历史街区宏观介绍、代表性建筑介绍以及老建筑总表等板块形式来呈现，展现了中央大街老建筑历史发展和艺术风格的全景风貌。同时，本书也在以下两方面进行了重点深入研究。一方面，书籍在史料方面力求准确完整，展现现阶段最新的研究成果，根据考证，对中央大街之前的一些建筑历史资料进行了调整和补充，修改了一些当下挂牌老建筑的建造年代和称谓；另一方面，关于老建筑的风格特征和艺术特色，笔者也进行了比较详尽的论述，特别是对一些老建筑的场地布局和立面手法进行了建筑学角度的分析，完善了中央大街老建筑研究的专业体系。

本书的顺利完稿，得力于众多专家学者和亲朋好友的支持，笔者在此表达由衷的感谢。首先，感谢著名作家阿成老师为本书撰写序言。阿成老师深厚的文学造诣和对哈尔滨城市文化的独到见解，为本书增添了厚重的文化底蕴。其次，感谢多年好友韦树祥的全程合作。韦老师是哈尔滨著名的建筑摄影师，他在百余栋老建筑的拍摄过程中付出了太多的辛苦，丰富和提升了本书的影像部分内容。再次，要感谢专家学者们的大力帮助。哈尔滨市历史建筑专家刘大平、卜冲、宋兴文等老师对书籍内容提出了建议和指正，也提供了大量历史资料和研究成果，为本书的专业属性打下了坚实的基础。感谢中东铁路老建筑专家姚穆老师提供东省特别区市政管理局旧址的摄影照片。感谢刘剑飞和韦明两位朋友提供老照片资料，笔者与两位专家也进行了多次的史料探讨。最后，感谢亲朋们的不断鼓励。笔者的爱人武威，以及大学同窗王晓东和邓宗元都对本书的推进提供了全力支持。

这次书籍的顺利出版，同样得到了许多单位的支持，笔者同样表达深切的谢意。首先，感谢笔者的母校和工作单位哈尔滨工业大学建筑与设计院学院，院系领导对系列书籍的出版给予了关注和支持。一些同事也对本书的内容提出了宝贵意见，感谢王末老师在百忙之余为本书进行了审校工作，感谢潘文特老师提供中央大街区域的数字地形图。其次，感谢本书的出版单位中国林业出版社，出版社对系列书籍的立项和推进都全力支持，王全编辑和审校、设计等老师在整个过程中也都紧密配合、精雕细琢。最后，要感谢中央大街历史文化街区的相关单位和商铺，它们为本书的推广和老建筑的拍摄都提供了帮助。由于相关单位众多，已在前面的致谢部分进行了一一列举，此处不再赘述。

经过近一年的写作、拍摄和出版过程，笔者、摄影师和编辑们以"行百里者半九十"的心态不断地修改和完善。但由于中央大街历史文化街区的老建筑众多，甚至一部分老建筑还没有被认定为文物建筑和历史建筑，其中许多历史资料的梳理和认定是一个不断修订的过程。因此，本书的成果可以说是现阶段研究的汇总和展示，仍有一些史料和细节需要在未来进一步挖掘和论证。至此，本系列书籍已经出版了两本，笔者团队会再接再厉、不断总结，为读者展现更加全面的哈尔滨老建筑艺术内容。

2025 年 6 月 18 日

红专街 25-1 号建筑一层室内，现戈雅咖啡馆
（摄影 韦树祥）

巴拉斯旅馆旧址室内楼梯，现巴新拉斯宾馆
（摄影 韦树祥）